探路技术未来

之江实验室 / 编著

中国科学技术出版社

·北 京·

图书在版编目（CIP）数据

探路技术未来 / 之江实验室编著. —北京：中国
科学技术出版社，2022.7

ISBN 978-7-5046-9621-2

Ⅰ. ①探… Ⅱ. ①之… Ⅲ. ①人工智能 Ⅳ.
①TP18

中国版本图书馆CIP数据核字（2022）第089058号

策划编辑	申永刚　王　浩
责任编辑	申永刚
封面设计	马筱琨
版式设计	锋尚设计
责任校对	邓雪梅
责任印制	李晓霖

出　　版	中国科学技术出版社
发　　行	中国科学技术出版社有限公司发行部
地　　址	北京市海淀区中关村南大街 16 号
邮　　编	100081
发行电话	010-62173865
传　　真	010-62173081
网　　址	http://www.cspbooks.com.cn

开　　本	710mm×1000mm　1/16
字　　数	244 千字
印　　张	21.25
版　　次	2022 年 7 月第 1 版
印　　次	2022 年 7 月第 1 次印刷
印　　刷	北京盛通印刷股份有限公司
书　　号	ISBN 978-7-5046-9621-2/TP·439
定　　价	99.00 元

序言

探路技术未来

近年来，随着核心算法的突破、计算能力的提升和海量数据的支撑，人工智能技术得以迅速发展，并推动着社会朝着更加智能化的方向加速跃升。全球主要发达国家均把发展人工智能作为提升国家竞争力、维护国家安全的重大战略，加紧制定出台规划和政策，围绕核心技术、顶尖人才、标准规范等强化部署，力图在新一轮国际科技竞争中掌握主导权。我国高度重视人工智能的布局和发展，自2017年起，"人工智能""智能+"连续4年被写入国务院政府工作报告。习近平总书记强调，"人工智能是引领这一轮科技革命和产业变革的战略性技术，具有溢出带动性很强的'头雁'效应""要深刻认识加快发展新一代人工智能的重大意义，推动我国新一代人工智能健康发展"。

从技术层面来看，自1956年美国达特茅斯会议首次提出"人工智能"的概念至今，人工智能技术的发展经历六十多年的历程，正进入新一轮爆发式发展期。新一代人工智能技术以直觉感知、自主学习、综合推理为主要特征，以大数据智能、群体智能、跨媒体智能、混合增强智能、智能无人系统为主要发展方向，相比以往的人工智能技术，在诸多方面均有所突破。如在感知识别能力上，从利用类型单一的结构化数据的单媒体感知发展到整合多种媒体的非结构化数据的跨媒体感知；在信息理解和运用方面，新一代人工智能的学习方式由早期的知识工程发展为数据驱动与知识工程相结合；在行为操控方面，从早期的以机器为中心逐步发展到人机混合增强智能；等等。

从应用层面来看，人工智能作为一项通用目的技术，具有广泛的应用场景。面对世界百年未有之大变局以及日益严峻的人口老龄化、资源环境约束等挑战，加快推动新一代人工智能与产业的深度融合，不仅是提高社会劳动生产率，提升我国产业创新力与竞争力的必由之路，也是全面提升人民生活品质，全面建设社会主义现代化强国的重要支撑。因此，新一代人工智能已广泛渗透到各行各业，并与实体经济深度融合，成为经济发展的新引擎。在农业领域，人工智能广泛应用于生产要素管理与农情监测、作物管理、病虫害监测与治理、采收机器人、禽畜养殖管理、基因工程育种等场景；在工业领域，人工智能渗透到设计端、生产端、运维端、检测端、物流端全生命周期各个环节中，通过自主深度感知、自主优化决策和自主精准执行提升各环节效率，成为促进工业技术变革、降本提效的重要手段；在服务业领域，人工智能与服务业深度融合，不断重构生产、分配、交换、消费等经济活动各环节，形成从宏观到微观各领域的智能化新需求，催生新技术、新产品、新业态、新模式，引发经济结构重大变革。

从治理层面来看，人工智能技术在推动经济社会发展的同时，也带来了一系列风险和挑战。这些风险主要包括因人工智能涉及的算法、数据和系统框架的不确定性、偏见性等造成的风险，如算法歧视、隐私泄露；因治理局限引起的责任归属不清、应用失控等；以及因人工智能与社会交互而对伦理道德、社会就业结构等方面产生的冲击。人工智能的治理涉及数据、算法、平台等多个维度和政府、企业等多元主体，一方面需要让各群体、各领域都享受到人工智能带来的红利和价值，实现以"智"谋"祉"；另一方面需要有效平衡创新发展与精准治理之间的关系，最终实现科技造福人类，发展"有温度"的人工智能。目前已有不少国家通过制定伦理原则、设计技术标准、确立法律法规等综合治理手段，初步构建了人工智能治理框架，力求推动人工智能健康有序发展。但总体来说，一切都还刚刚起步。

当前，人工智能仍处在迅速发展阶段，如何促进人工智能的发展与应用，同时防范其风险，推动人工智能沿着有利于人类福祉的方向和谐发展，是全社会共同关注的焦点。本书分为四个部分，力求以小见大、抛砖引玉，引导读者思考上述问题并提供一定的启发。第一部分为前传，通过对2021年人工智能领域十大事件的回顾分析，为读者提供一个了解人工智能技术趋势、应用实践和治理探索的切口。随后的三部分内容分别从人工智能技术、应用和治理三大主线出发，逐一展开深入讨论。其中，人工智能技术简介对人工智能基础技术和先进计算技术进行了简要介绍，并重点探讨了人工智能算法的发展现状、研究热点和未来发展趋势；人工智能应用详细探讨了人工智能在三大产业，尤其是服务业的应用情况；人工智能治理基于实践问题，关注人工智能应用带来的潜在风险，探索系统、全面的人工智能治理体系。

本书在编写过程中，受时间和能力限制，疏漏和不足之处在所难免，欢迎各位专家、读者批评指正。我们希望通过共同探讨和交流，共同深化对人工智能技术、应用和治理问题的认识。

CONTENTS

目录

前传

2021年人工智能十大事件回顾

第一篇

人工智能技术简介

第二篇

人工智能应用

第三篇

人工智能治理

前传

2021年人工智能十大事件回顾

　　自1956年美国达特茅斯会议正式提出"人工智能"（Artificial Intelligence，AI）概念以来，人工智能经历了多次跨越式发展，涌现了许多新思路、新手段、新模型和新方法，催生了一批又一批新技术、新产品、新服务和新业态。与此同时，人工智能带来的影响跨越个人、企业、社会等各个方面，涉及技术研发、实践应用、社会治理等多个领域。当下，人工智能发展及治理也已成为国内外共同关注的现实问题，成为当今时代的重大社会议题。

　　只有立足于过去，才能更好地展望未来，了解并记录人工智能发展过程中的标志性事件，可以不断深化我们对人工智能的概念内涵、功能应用和发展前景的认识。这些标志性事件记录了不同代际人工智能研究和应用的进步，是人们了解其发展过程的最好切口。本篇回顾了2021年人工智能十大事件，这些事件反映了人工智能的最新技术趋势、应用实践和治理探索，以期通过对其进行理论和实践的双重解读，帮助读者初步认识人工智能发展的真实现状。

编写组搜集梳理了2021年人工智能领域的500余个事件，事件涉及中国、美国、日本、德国等全球多个国家，囊括医疗、金融、交通、工业、政府治理等多个细分领域。编写组基于人工智能技术、人工智能应用和人工智能治理三大维度对事件进行分类，并在此基础上根据事件重要性进行评选。

基于客观性、公正性和全面性原则，此次评选流程共分4个阶段（图1）。首先，由编写组成员从500余个事件中初筛得出25个；其次，经由内部近20名专家学者讨论调整得出20个事件；再次，将20个事件以问卷形式发放给人工智能相关领域的102名专家学者进行评选

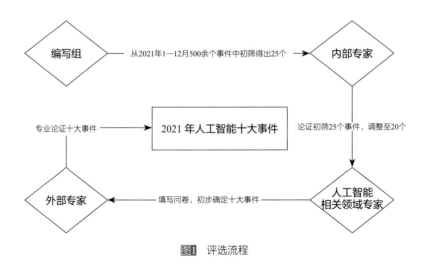

图1 评选流程

（图2）❶，得出十大事件初步结果；最后，由5名人工智能领域的权威学者对评选结果进行论证，最终得出2021年人工智能十大事件评选结果。

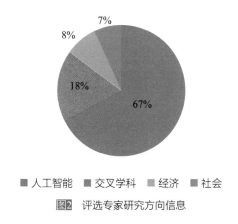

图2 评选专家研究方向信息

事件一　光子计算有望加快人工智能运算速度

【关键词】光子计算

概要

2021年1月6日，世界权威学术期刊《自然》（*Nature*）发布了一

---

❶ 考虑到评选专家研究方向过于细化，因此根据学科范围进行大类归纳，图2中交叉学科是指人工智能与人文社科等领域的交叉研究方向。

篇关于光子计算加快人工智能运算速度的论文[1]。论文展示了一种利用光梳制造的多功能光学矢量加速器：11TOPS[2]光子卷积加速器。电子处理器往往需要通过数万个并行处理器才能实现超快的运行速度，11TOPS光子卷积加速器使用单个处理器即可。这是由于它采用了通过集成的微梳状光源在时间、波长和空间维度上同时进行数据交错的新技术，充分利用了光子波长的广泛范围，实现了不同卷积运算的并行计算，速度能达到每秒10万亿次。这种光学神经形态处理器的运行速度比以往任何电子处理器都要快1000倍以上，该处理器还可以处理超大规模图像，足以实现完整的面部图像识别，每秒钟可以对25万个像素点进行卷积运算。研究者使用这个加速器形成一个有10个输出神经元的光学卷积神经网络，成功地识别出不同的数字图像，准确率高达88%。这种方法还可以训练更复杂的模型，比如无人驾驶系统、视频实时识别系统等。

解读

目前人工智能对更高计算能力的需求在不断增长，而电子计算硬件已接近其物理极限。由于光子可以比电子更快地处理信息，而且它是当前互联网通信的基础，最重要的是它能够避免所谓的"电子瓶颈"（电子信号需要转换为光信号才能进入光纤网络，当电子线路过密时会消耗

---

[1] XU X，et al.11 TOPS photonic convolutional accelerator for optical neural networks [J]. Nature，2021，589：44-51.
[2] 1TOPS代表处理器每秒钟可进行一万亿次运算。

大量能源），在这三点优势下，为了满足更高计算能力的需求，研究者们在光子领域开展了研究。过去几十年，光学通信取得了巨大的成功，但使用光子进行计算仍具有挑战性。近几年光学频率梳设备的发展为集成光子处理器带来了新的机遇，光学频率梳是一组具有发射光谱的光源，由成千上万条频率均匀且紧密间隔的清晰光谱线组成。光学频率梳技术在光谱学、光学时钟计量学和电信等各个领域都取得了巨大的成功，美国科学家奥伊·格拉布尔因其在光学相干量子理论领域的贡献，与另外两名科学家共同获得了2005年诺贝尔物理学奖。

11TOPS光子卷积加速器正是使用了光学频率梳，它的成功研发代表了神经网络和神经形态处理的巨大飞跃（图3）。卷积神经网络一直是人工智能革命的核心，但现有的电子处理器日渐遇到处理速度和能源效率的瓶颈，难以满足人工智能对高算力的需求，11TOPS光子卷积加速

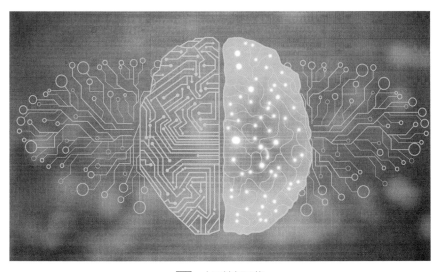

图3　人工神经网络

器这一突破展示了一种能够使卷积神经网络更快、更高效的新的光学技术，以光子计算等为代表的先进计算技术成为一种可能的解决路径。

这项技术适用于所有形式的数据处理和通信，可对实时超高带宽数据进行海量数据机器学习，使自动驾驶和数据密集型机器学习（如计算机视觉）等领域受益。

现在，另有一个研究团队研发了光子张量核加速器，每秒能够进行数万亿次的乘积累加运算（Multiply Accumulate，MAC），这种集成式并行光子计算技术在自动驾驶、实时视频处理和下一代云计算服务等数据量庞大的人工智能应用中，可以发挥重要作用。从长远来看，该技术能够实现完全集成的系统，大大降低成本和能耗。

事件二 OpenAI 提出全新强化学习算法，玩游戏完胜人类

【关键词】强化学习算法　多智能体

概要

2021年2月24日，OpenAI 和 Uber AI Labs的研究者们发表在《自然》期刊上的研究提出了一个全新的强化学习算法——Go-Explore[1]。该算法通过建立一个"档案库"记住访问过的状态和返回这些状态的

---

[1] Ecoffet A，et al. First return，then explore［J］. Nature，2021，590（7847）：580-586.

简单原则，从而解决了有效探索中算法所面临的分离和脱轨两大障碍。该算法在雅达利2600游戏机（Atari 2600）的经典游戏中的得分超过了人类顶级玩家和以往的 AI 系统，在《蒙特祖玛的复仇》（*Montezuma's Revenge*）和《陷阱》（*Pitfall!*）等一系列探索类游戏中达到了目前最先进的水平，被认为朝着实现真正的"智能学习体"迈出了重要一步。

解读

作为机器学习的一大关键领域，强化学习算法侧重如何基于环境而行动，其灵感源于心理学中的行为主义理论，即智能体如何在奖励函数（Reward function）的引导下，产生策略以解决复杂的序列决策问题（图4）。近年来，人工智能在强化学习算法的支持下，取得了显

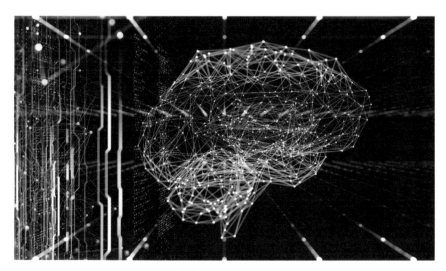

图4 强化学习算法

著成就，如在《星际争霸Ⅱ》（*StarCraft Ⅱ*）和《刀塔2》（*Dota 2*）等竞技类游戏中有着冠军级表现，以及大大促进跑步、跳跃和抓握等机器人技能的自主学习。

但强化学习算法具有明显短板，其依赖于精心设计且信息量丰富的奖励函数，如果奖励函数提供稀疏（sparse）且具有欺骗性（deceptive）的反馈时，算法便很容易碰壁。学者们分析认为，主要是分离（detachment）和脱轨（derailment）❶两大问题阻碍了算法探索能力的进步，使得在深度强化学习中，由于需要探索的状态空间过大，无法实现彻底探索，而随机探索又无法得知节点是否已经完全拓展。

Go-Explore这一全新算法直接解决了分离和脱轨两大挑战，可回溯过去、解决复杂任务，实现区域的彻底探索。不似以往的强化学习算法在返回中进行混合探索，Go-Explore建立了一个记录智能体在环境中访问过的不同状态的"轨迹档案库"，以确保状态不被遗忘，通过在返回时进行最小化探索，以专注于更深入探索未知区域，同时保证过往状态可以随时保存和返回，从而彻底消除脱轨。

Go-Explore的能力在解决困难的探索问题上已经通过街机学习环境（Arcade Learning Environment，ALE）提供的雅达利2600游戏机基准测试得到了证明。其11场游戏比赛测试结果均超过之前算法的最高水平，在OpenAI gym 提供的所有55款雅达利游戏中找到了具有超

---

❶ 分离是指算法过早停止返回到状态空间的某些区域，即使这些区域仍有待探索，特别是在有多个区域需要探索时，分离更易发生。脱轨是指算法的探索机制阻止智能体返回到之前访问过的状态。

越人类玩家得分的轨迹。除此之外，该算法还能用于解决具有挑战性但奖励稀疏的模拟机器人任务。例如机器人需要将指定物品放置于4个架子中的指定货架才可以获得奖励，但其中2个货架位置隐蔽，以往的算法训练近10亿帧后都未获得奖励，而Go-Explore可以在99%的情况下实现。未来，该算法还会在机器人技术、语言理解、药物设计等领域取得进展。

事件三　"九章二号"和"祖冲之二号"实现"量子霸权"

【关键词】量子计算　"量子霸权"

概要

2021年10月26日，潘建伟团队实现光量子和超导量子两个方向上的突破，建成113个光子144模式的量子计算原型机"九章二号"和66比特可编程的"祖冲之二号"，使中国成为唯一在两种物理体系上实现"量子霸权"（Quantum Supremacy）❶的国家。前者处理特定问题的速度已比传统的超级计算机快一千万倍，同时编程计算能力也增强了；后者实现了对"量子随机线路取样"任务的快速求解，计算复杂

---

❶ 量子霸权也译作量子优越性，是指量子计算机对特定问题的求解超越经典超级计算机。达到"量子霸权"需要相干操纵50个量子比特。

度大大提高。

其实早在2021年5月7日，潘建伟团队就在超导量子计算方面实现了突破，建成62比特可编程超导量子计算原型机"祖冲之号"。在该系统上成功演示了二维可编程量子行走，为量子计算在量子搜索算法、通用量子计算等领域奠定了技术基础。同年12月4日，潘建伟团队实现光量子计算方向的突破，通过成功构建76个光子的量子计算原型机"九章"，实现了具有实用前景的"高斯玻色取样"任务的快速求解。

解读

量子计算指的是在量子力学理论的基础上进行的新型计算，量子计算机则是量子计算的物理装置，其运行规律遵循量子力学。量子计算将量子力学的独特行为（如叠加、纠缠和量子干扰）应用于计算领域，在量子模拟、量子机器学习、加密、搜索等方面均有重要应用（图5）。理查德·费曼（Richard Phillips Feynman）在1982年提出量子计算是为了解决经典计算机无法解决的量子问题，将量子力学与计算问题相结合的这一思想激发学者们不断探索量子计算。1994年，彼得·威利斯顿·秀尔（Peter Williston Shor）提出了针对整数分解的量子算法，被称为秀尔算法，这是量子计算领域的里程碑工作，充分体现了量子计算的优越性。

量子计算机在量子算法的作用下，较传统计算机具备运行速度快、处置信息能力强、应用范围广等特点。国际主流观点认为其发展

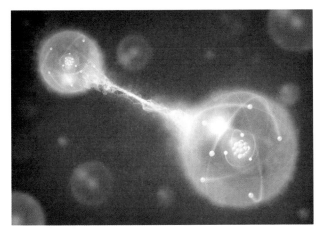

图5 量子纠缠

分为三个阶段：第一阶段，建设专用量子计算机。可操纵50个到100个量子比特，实现"量子霸权"。第二阶段，建设量子模拟机。可操纵数百个量子比特，超越超级计算机的性能，解决原先无法解决的问题，具备更强的实用价值。第三阶段，建设通用量子计算原型机。可用来解决任何可解的问题，大幅提高量子比特的操纵精度、集成数量和容错能力。目前量子计算机发展仍处在第一阶段，美国的谷歌"悬铃木"（Google Sycamore）量子计算机、中国的中国科学院"九章"与"祖冲之号"系列量子计算机已经实现了"量子霸权"。2021年11月，之江实验室联合清华大学、国家超级计算无锡中心、上海量子科学研究中心等单位，基于新一代神威超级计算机，研发了量子计算模拟器SWQSIM，再次实现"量子霸权"。量子模拟器作为经典计算和量子计算的桥梁，SWQSIM基于经典计算机实现量子计算的模拟，为未来量子计算的发展提供了坚实的模拟支撑。

从实践来看，潘建伟团队相继建成"九章""九章二号""祖冲之号""祖冲之二号"量子计算机，在量子计算领域具有重要的意义。一方面，这实现了量子计算机发展阶段上的突破。"量子霸权"的实现标志着量子计算研究进入发展的第二阶段，开始量子纠错和近期应用等探索。凭借量子计算机强大的计算能力，未来甚至可能产生新的技术革命。另一方面，量子计算具有广阔的应用前景。超导量子比特与光量子比特量子计算方式都是目前国际公认的有望实现可扩展和实用化的量子计算物理体系。有专家认为，量子计算机将来可大大提高密码破译、大数据优化、药物分析等领域的计算速度，例如"祖冲之二号"有并行高保真度量子门操控能力和完全可编程能力，有望在量子机器学习、量子化学等方面实现具有实用价值的应用。

事件四　谷歌造出"时间晶体"，挑战热力学第二定律

【关键词】量子计算　"时间晶体"

概要

2021年11月30日，美国斯坦福大学团队联手谷歌团队等在《自然》期刊上发布了一份关于"时间晶体"的研究❶，称他们使用谷歌的

---

❶ Xiao Mi，et al. Time-Crystalline Eigenstate Order on a Quantum Processor [J]. Nature，2021.

"悬铃木"量子计算机实现了真正的"时间晶体"。"时间晶体"的关键特征是能够在两个状态之间永远循环下去，保持着完美的有序性和稳定性，而不消耗能量。这挑战了热力学第二定律所说的熵增原理，即物质总是自发地向着更加混乱的方向发展，要想提高有序性，就必须增加能量。该团队使用量子比特对20次"自旋"进行编程，实现了"时间晶体"，由于其量子设备并不完美，只能观察到几百个周期而不是无限期的"时间晶体"振荡。

解读

所谓的"时间晶体"，源自爱因斯坦对四维世界的提问，爱因斯坦认为四维世界除了三维的空间之外，还有一个维度就是时间，他提出：既然生活里有这么多在三维空间上结晶的晶体，是不是也存在着在时间上结晶的晶体呢？即"时间晶体"是在时间维度上结晶的晶体，其原子结构能在特定条件下沿着时间轴呈现周期性变化。2012年，诺贝尔物理学奖获得者美国物理学家弗兰克·维尔泽克（Frank Wilczek，2004年获奖）和同事提出了"时间晶体"理论，从理论上阐述了"时间晶体"破坏了时间平移对称性——一个重要的物理学定律。日常生活中的一些晶体在空间上呈现重复排列的特征，同时，当晶体中的原子处于最低能态时，不会发生任何物质运动；否则，就会违反"时间平移对称性"原则。这说明"时间晶体"并非日常生活中的晶体，不像绝大多数物质那样属于"平衡态物质"，而是一种全新的物质。虽然后续不断有关于"时间晶体"的研究发布，但是直到

2017年3月，"时间晶体"才被制造出来。以哈佛大学和马里兰大学为首的两个科研团队，首次分别用不同的实验方法同时制造出"时间晶体"，宣告了"时间晶体"是一种真实的存在（图6）。

2021年，斯坦福大学团队、谷歌团队等使用量子计算机造出"时间晶体"，就研究本身来说，其意义在于新型量子计算机的使用。量子计算机使研究人员能够制造出比之前更大的"时间晶体"，同时制造出的"时间晶体"的稳定性也大大提高了。研究人员认为，这表明可以在物理世界中建立牢固的时间晶体。其中，量子计算机的功能不仅仅是计算，还成为能够制造和检验新物质的实验平台。2021年11月4日，科学家们建立了一个多体局部离散时间晶体，持续了大约8秒，对应800年振荡周期。他们使用了基于钻石的量子计算机，其中的量子位是嵌在钻石中的碳-13原子的核自旋。这项研究进一步提高了量子计算机在"时间晶体"创造上的实用价值，例如创造出的"时间晶

图6　时间晶体

体"将大大拓展人类对时间本质的认识和对非平衡物质状态的理解。按照科学家的设想，有了"时间晶体"后，一方面，它有助于研发全新的量子计算机，推动量子计算进入新阶段；另一方面，在此基础上进一步开发出在四维时空中结晶的"时空晶体"后，可以在未来实现对"时空晶体"进行编程，继而设计出复杂的周期运动回路，以代表不同比特和比特间的运算。人们可以将人脑意识上传到"时空晶体"中，保存人生中最美好、最难忘的记忆。

事件五　脑机接口新突破，从瘫痪失语患者的大脑皮层解码单词

【关键词】脑机接口

概要

2021年7月15日，脸书公司（Facebook，现更名为Meta）与加利福尼亚大学旧金山分校（UCSF）Chang Lab的脑机接口项目Project Steno取得了最新进展[1]。该项目在一位已瘫痪16年的受试者的大脑感觉运动皮层区域植入一个高密度的硬膜下多电极阵列，以控制受试者

---

[1] Moses D A，et al．Neuroprosthesis for Decoding Speech in a Paralyzed Person with Anarthria [J]．New England Journal of Medicine，2021，385（3）：217-227.

的语言功能。在实验过程中，该项目使用深度学习算法创建计算模型和自然语言模型，以检测和分类受试失语患者大脑皮层活动中的单词，进而成功地从该失语患者大脑皮层活动中解码单词和句子，让其重新恢复交流能力。实验结果显示，该脑机接口系统平均每分钟可解码15.2个单词，准确率达74%。

解读

脑机接口（Brain-Computer Interface，BCI）是指通过在大脑与外部环境间建立一种信息交流与控制的渠道，从而实现大脑与外部设备的直接交互，一般统分为侵入式和非侵入式两大类，前者要求在大脑中植入电极或芯片（图7），后者一般借助头戴式脑电帽。脑机接口技术被广泛运用于沟通交流、运动恢复和控制、神经系统疾病治疗等领域。

目前脑机接口技术仍多以打字为基础，失语患者通过控制计算机

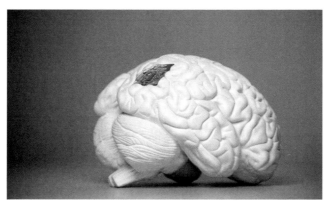

图7 在大脑中植入芯片

光标来拼写信息，这种基于神经信号驱动信息界面逐字选择的方式费力且低效。因此，研究者们开始探讨如何直接控制大脑皮层的语言区以解码整个单词，大幅提高脑机接口通信速率。然而，由于失语患者无法进行语言输出，如何将神经活动记录与患者预期语言精准匹配成为新的难题。

加利福尼亚大学旧金山分校 Chang Lab 的脑机接口项目 Project Steno 证明了可以通过高密度记录大脑皮层活动来实时解码完整的单词和句子，并通过语音检测方法和基于机器学习的单词分类解决神经活动记录和预期语言匹配这一挑战。这一研究不仅对于那些无法进行键盘输入或缺乏其他输入接口的人来说颇具价值，更有利于帮助那些严重瘫痪和失语的患者实现自由交流。

此外，已有的脑机接口应用中，解码模型往往需要每天重新进行校准，无法接入大脑的自然学习过程。而该研究成果实现了长期稳定解码，使人工学习系统顺利地与大脑复杂的长期学习模式共同工作。

事件六　AlphaFold 2 解锁 98.5% 人类蛋白质组结构

【关键词】神经网络　蛋白结构预测

概要

2021 年 10 月 4 日，谷歌旗下人工智能公司 DeepMind 于 BioRxiv 平

台发布了AlphaFold工具的新版本——AlphaFold-Multimer[1]，该工具基于同年7月15日公布的AlphaFold 2模型对蛋白质单体结构的高精度预测，进一步预测了4433种蛋白质复合物的结构。AlphaFold 2模型[2]将蛋白质结构的物理和生物知识整合到深度学习算法设计中，通过多序列比对成功预测了约98.5%的人类蛋白组结构，还预测了包括大肠杆菌、果蝇、小鼠等生物领域研究重点对象的其他20种生物蛋白质结构，总计超过35万种，所预测的氨基酸残基中，58%达到可信水平，其中35.7%达到高置信度水平，相当于人类已知实验方法覆盖的结构数量（17%）的两倍。后来，该团队还在GitHub开源平台上公开了AlphaFold 2模型的数据和算法[3]。

解读

根据氨基酸序列预测蛋白质的三维结构，即蛋白质折叠问题中的结构预测部分，在过去50年一直都被视为极为重要和极具挑战性的问题。一般而言，基于蛋白质序列预测蛋白质三维结构的计算方法要么侧重于物理相互作用（图8），要么侧重于进化史。侧重于物理相互作用是指将分子动力学、蛋白质热力学和动力学模拟相结合来进行

[1] Evans R，et al. Protein complex prediction with AlphaFold-Multimer [J]. 2021，2021.10.04.463034. https://www.biorxiv.org/content/10.1101/2021.10.04.463034v1.abstract.

[2] Tunyasuvunakool K，et al. Highly accurate protein structure prediction for the human proteome [J]. Nature，2021，596（7873）：590-596.

[3] 参见https://github.com/deepmind/alphafold.

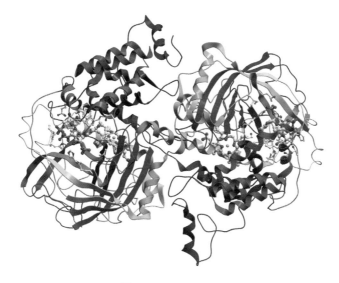

图8 蛋白质三维结构

预测，但因分子模拟计算的复杂性、蛋白质的稳定性和预测的准确性等问题难以克服，该方法在中等大小的蛋白质三维结构的预测上面临较高的挑战；侧重于进化史，则意味着基于蛋白质间的相似性进行预测，包括蛋白质进化历史分析、已知结构的同源性分析等，该方法受益于蛋白质数据库（PDB）、基因组测序数据库和相关深度学习技术的快速发展而不断进步。

近年来，蛋白质结构预测取得了重大进展，两年一次的蛋白质结构预测关键评估（CASP）的结果便是最好证明。对蛋白质结构预测的研究涉及蛋白质家族、特定功能类蛋白质、蛋白质结构域、蛋白质全链和蛋白质复合物等多个细分领域，涌现出SwissModel、HHpred、RaptorX、MODELLER、QUARK、Rosetta、I-TASSER等一批软件和网络服务。尽管如此，以物理相互作用和进化史为基础的结构预测，在大多数情况下仍远低于实验的准确度，但若是以核磁共振、X射线晶体学等实验技术来检验和预测蛋白质结构，往往需要花费数月乃至数年时间。

然而，通过人工智能预测化合物分子结构，这一方法在结构预测领域已迎来了里程碑式的进展。谷歌开发的AlphaFold 2所预测的蛋白质结构的准确性在多数情况下能与实验技术解析的三维（3D）结构相媲美，意味着这一技术首次打破了准确度和效率难以兼顾的问题。此后，华盛顿大学的研究团队基于AlphaFold 2的设计思路开发了一款深度学习工具RoseTTAFold，该工具基于三轨神经网络（Three-Track Neural Network）所预测出的蛋白质结构的准确度与AlphaFold 2不相上下。2021年11月11日，美国科学家主导的科研团队发表于《科学》（*Science*）期刊上的一篇论文表示，其团队已通过人工智能和进化分析绘制出真核生物蛋白质之间相互作用的3D模型，并首次确定了100多个可能的蛋白质复合物。

尽管在蛋白质折叠问题上，AlphaFold 2只迈出了一小步，但在蛋白质结构预测上，其具有重要应用和现实意义。AlphaFold 2的问世促进了蛋白质结构预测领域整体精度的提高，可帮助结构生物学者更快、更好地开展工作。例如，X光衍射实验需要精确的初始结构模型以实现分子置换，而蛋白质初始模型的快速预测可以大大提高该实验的效率；冷冻电镜实验中，蛋白质结构预测可以减小搭建大型复合物各个亚基初始模型的难度，也可以通过参考预测的蛋白质结构，对不能结晶的蛋白质进行截短或突变处理，使其易于结晶。

此外，AlphaFold 2还可以帮助应对未来可能发生的流行疾病。2020年，DeepMind便利用AlphaFold预测了新冠病毒（SARS-CoV-2）的6种蛋白质结构，这种发现可以使药物开发工作和治疗手段更为精确。未来，AlphaFold 2也可以帮助探索尚无模型的亿万种蛋白质。目前，DeepMind使用的蛋白质数据库中只有约17万种蛋白质结构，其中，在结构未知的蛋白质中，可能存在许多意义重大的新功能。

事件七　DeepMind 利用人工智能提出和证明数学定理

【关键词】机器学习　数学定理　DeepMind

概要

2021年12月1日，谷歌旗下人工智能公司DeepMind于《自然》期刊上发布的一篇论文，证明了机器学习可以帮助数学家发现新的猜想和定理[1]。在该论文中，作者团队提出了一种机器学习模型，该模型可以用于发现数学对象之间的潜在规律和关系，并利用归因技术来辅助理解，从而帮助数学家利用这些观察结果来指导直觉思维和提出猜想

---

[1] Davies A，et al. Advancing mathematics by guiding human intuition with AI [J]. Nature，2021，600（7887）：70-74.

的过程。该团队将这一方法用于两个纯数学领域——纽结理论（Knot Theory）和表象理论（Representation Theory），从而发现并证明了纽结理论的一个新定理和表象理论的一个新猜想。

解读

基础数学毫无疑问属于重大学科，它通过不断发现数学对象间的模式和关系来阐述和证明猜想，最终形成定理以驱动数学的进步（图9）。从早期手工计算素数表以产生素数定理，到后来利用计算机生成数据，数学家们往往会通过数据来助推这一过程。

从20世纪60年代开始，数学家们便利用计算机来帮助发现模式和提出猜想，例如研究著名的贝赫和斯维讷通–戴尔猜想（Birch and

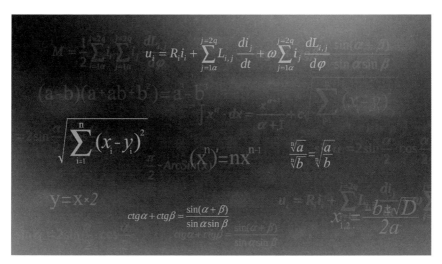

图9　基础数学

Swinnerton-Dyer Conjecture）。数学家利用计算机生成数据和测试猜想，对以前无法接触的问题有了新理解。在数学领域，人工智能（特别是机器学习）能够用于寻找现有猜想的反例、加快计算过程、生成符号解（Symbolic Solutions）等，是一个颇具价值的工具。

然而，目前人工智能还不能像计算技术一样，在数学的各个领域发挥实用性。以往用于产生猜想的系统，往往很难推广到其他数学领域，形成真正有用的研究猜想，虽然方法新颖且通用，但尚未产生有数学价值的结果。

DeepMind不是发挥机器学习的创造性思维以代替数学家直接发现模式和证明猜想，而是将其作为辅助工具以帮助数学家调整其直觉。众所周知，解决复杂的数学问题离不开数学家良好的直觉思维，AlphaGo（即阿尔法围棋）曾经的成功也离不开其使用机器学习来获取人类凭直觉下棋的能力。但仅靠数学家的直觉去跨越多维度的无限空间和极其复杂的方程组，无疑存在巨大的挑战和困难。该团队利用机器学习强大的模式识别能力和解释方法来增强数学家对复杂数学对象的直觉，进而帮助数学家验证并理解猜想。

数学问题的研究需要直觉思维，而人工智能在帮助数学家发挥直觉这一点上的作用更为自然。该机器学习模型可以推广至那些具备大量可用数据，或者因分析对象庞大而无法采用经典研究方法的数学领域。当然，更重要的是，该项研究证明了让数学家和机器学习互补融合能产生巨大效果。

事件八　美国国家人工智能安全委员会通过 756 页人工智能战略报告，建议对中国半导体产业实施"卡脖子战略"

【关键词】美国　人工智能战略

概要

2021年3月1日，美国国家人工智能安全委员会通过一份关于人工智能和半导体供应链等领域竞争的年度最终建议报告。该报告建议国会收紧芯片制造技术的出口，同时建议将长期存在的监管惯例规范化为美国国家政策。此外，该报告还建议美国增加对人工智能芯片，特别是本土芯片制造业的投资力度。

解读

半导体产业作为现代信息技术的重要基石，一直以来都是中美科技战的焦点，也是中国科技创新被"卡脖子"的重要领域。随着人工智能、第五代移动通信技术（5G）、物联网、云计算等新一代信息技术的发展，海量数据的存储和运行需求为半导体产业带来了巨大机遇，人工智能和半导体产业进入共生共长阶段（图10）。

为了解决"卡脖子"问题，推动人工智能领域的发展，中国近年来大力布局半导体行业，并提出到2025年实现国产芯片70%自给率的

图10　半导体集成电路

目标。2020年，中国集成电路销售收入达到8848亿元，"十三五"时期年均增速达20%，是全球同期增速的4倍，同时中国在半导体产业的设计工具、工艺制造、封装技术、核心设备、关键材料等方面都有显著提升❶。

　　对美国而言，中国在半导体和人工智能领域的增长严重威胁了其科技主导地位，遏制中国半导体制造能力的增长可以遏制中国打造尖端微电子产业的势头，从而阻止中国生产人工智能产业所需的芯片。为此，美国不断采取手段对中国企业施以制裁。例如，2018年美

❶ 金凤. 全球半导体产业进入重大调整期［N］. 科技日报，2021-06-10（03）.

国制裁中兴通讯公司，禁止美国企业在未来7年内向其售卖敏感产品；自2019年5月起，美国多次制裁华为公司，试图切断其全球芯片供应链。

2021年，美国对中国半导体产业的打压行为再次升级。3月1日，美国国家人工智能安全委员会发布的年度最终建议报告提出，将打压范围扩展至整个半导体产业和人工智能领域。特别是针对中国在光刻机领域的不足，该报告提出联合荷兰政府与日本政府，协调高端半导体制造设备（包括EUV和ArF光刻设备）的出口许可程序，以限制中国生产16纳米制程或以下级别芯片的能力。此外，美国也仍继续对中国科技企业的管制，11月25日，美国商务部在实体清单上又新增12家中国科技机构，其中包括新华三集团、西安航天华讯科技有限公司在内的6家公司均涉足半导体领域。

事件九　中国反垄断"大年"，互联网巨头监管不断加码

【关键词】平台垄断

概要

2021年被认为是中国反垄断"大年"，4月10日，国家市场监督管理总局（简称"国家市场监管总局"）做出行政处罚决定，责令阿里巴巴集团（简称"阿里"）停止滥用其市场支配地位，并处182.28亿

元罚款，金额刷新中国反垄断行政处罚纪录。4月13日，即公布对阿里反垄断处罚后的第三天，国家市场监管总局会同中共中央网络安全和信息化委员会办公室（简称"中央网信办"）、国家税务总局召集34家中国互联网公司召开行政指导会，要求充分重视阿里案的警示，各平台限期一个月全面自检自查、逐项彻底整改（即"4·13"行政指导会）。4月26日，国家市场监管总局依法对美团实施"二选一"等涉嫌垄断行为立案调查。

解读

互联网平台"二选一"、"大数据杀熟"、第三方平台封禁等垄断现象频生，严重侵害商家和消费者权益（图11）。一是阿里、美团存在一定程度的滥用市场支配地位行为，通过价格限制、资源限制、产品上架限制等手段强迫商家实施"二选一"。例如，商家必须在天猫或淘宝进行新品首发，不得参与其他平台的品牌曝光和资源位，要求签署独家协议等。二是互联网平台"大数据杀熟"行为涉及餐饮、出行、购物等领域。同一时间搜索同一产品，"熟客"所看到的价格往往偏高，甚至还会遭受"饥饿营销"。三是平台限制第三方平台接入权限甚至封杀第三方。例如，腾讯和淘宝互相屏蔽网址链接和支付渠道，腾讯限制微信和QQ用户分享抖音内容。

2020年是中国反垄断工作具有标志性意义的一年，而2021年更是

图11 互联网平台

反垄断工作大年❶，相关监管部门大力加强平台经济领域的反垄断立
法、司法和执法力度。2020年中央经济工作会议明确指出要将"强
化反垄断和防止资本无序扩张"作为2021年八大重点任务之一。加快
《中华人民共和国反垄断法》修订、发布《国务院反垄断委员会关于
平台经济领域的反垄断指南》（国反垄发〔2021〕1号）、召开互联网
平台企业行政指导会、对涉嫌垄断的平台企业进行立案调查和行政处
罚、成立国家反垄断局……一系列大刀阔斧的举措充实中国对平台经
济的反垄断监管力量和监管权威性。

---

❶ 国家市场监督管理总局. 2021年4月22日全国市场监管系统反垄断工作会议［EB/OL］.
（2021-04-22）［2021-11-30］. http://www.samr.gov.cn/xw/zj/202104/ t20210422_328111.html.

平台经济反垄断监管已成为全球主流大势，世界各国正加强平台企业反垄断法治建设，维护公平市场秩序。一方面，欧盟及其成员国（例如德国）相继出台或修订政策法规以展开对平台经济领域垄断、不正当竞争行为的法律规制，例如欧盟推出《数字市场法案》和《数字服务法案》，德国修订《反不正当竞争法》以定性和规制平台竞争行为。另一方面，谷歌、苹果（Apple）等互联网巨头也频遭反垄断指控和调查。2021年5月13日，意大利反垄断监管机构竞争和市场管理局针对谷歌利用市场主导地位控制应用程序开发者对终端用户的访问这一行为，处以1亿欧元罚款；11月26日，该机构针对谷歌和苹果出于商业目的利用用户数据侵犯消费者权益的行为，分别处以1000万欧元罚款。

事件十　最高人民法院发布司法解释规范人脸识别应用

【关键词】人脸识别　隐私保护

概要

2021年7月28日，中国最高人民法院（简称"最高法"）发布《最高人民法院关于审理使用人脸识别技术处理个人信息相关民事案件适用法律若干问题的规定》（以下简称《规定》）。《规定》对人脸识别进行规范，最高法在充分调研基础上制定司法解释，对人脸信息提供司法保护。《规定》明确，在宾馆、商场、银行、车站、机场、体育场馆、娱乐场所等经营场所、公共场所违反法律、行政法规的规定使用人脸识别技术进行人脸验证、辨识或者分析属侵权行为。以下五类情形可以使用人脸识别：一是为应对突发公共卫生事件，或者紧急情况下为保护自然人的生命健康和财产安全所必需而处理人脸信息的；二是为维护公共安全，依据国家有关规定在公共场所使用人脸识别技术的；三是为公共利益实施新闻报道、舆论监督等行为在合理的范围内处理人脸信息的；四是在自然人或者其监护人同意的范围内合理处理人脸信息的；五是符合法律、行政法规规定的其他情形。《规定》的出台有效回应了大众对人脸识别信息泄露、滥用等问题的担忧，对人脸信息提供司法保护。

解读

随着人脸识别技术广泛用于安防、金融等领域，出现了强制使用、数据滥用和数据泄露等问题。国内发生了"人脸识别第一案"、杭州一小区抵制人脸识别技术事件、济南一看房者戴头盔进入售楼处等热议事件，国外发生了脸书、Clearview AI 等公司未经用户允许非法收集用户生物数据，将大众对于人脸识别的担忧推上了高峰（图12）。

为应对这一风险，国外通过出台数据保护法律法规进行规制。2008年，美国伊利诺伊州颁布了《生物识别信息隐私法案》，这是美国境内第一部旨在规范"生物标识符和信息的收集、使用、保护、处

图12　人脸识别

理、存储、保留和销毁"的法律。2018年，欧盟出台了《通用数据保护条例》，其中规定了人脸识别技术的商业应用可适用的唯一例外是"数据主体已明确表示同意"，数据主体任何形式的被动同意均不符合规定。2021年10月，欧洲议会通过决议，禁止警方在公共场所进行自动面部识别，人工智能监管再收紧。2021年7月出台的《规定》是我国专门针对人脸识别应用进行规制的第一部法律文件，具有里程碑意义。该法规主动回应群众关切的问题，以解决群众对人脸识别技术存在担忧这一实际问题为目标，在个人信息保护立法的基础上，进一步针对性地调研人脸识别技术，从而有效地提出法规对人脸信息提供司法保护，对人脸识别技术进行规制。

迈向更广阔的未来

基于硬科技和软治理一手抓的原则，本篇从人工智能的前沿技术、落地应用和治理实践三方面综合性、全面性地梳理了2021年人工智能领域十大事件，包括事件概要和解读，以期引发人们对人工智能领域技术、产业和生态等方面一系列关键问题的思考和探讨，包括人工智能关键理论和技术的发展趋势，重点应用市场的潜力，人、机、环境（即自然或社会）三者关系的协调治理等。

后续篇章将分别从人工智能的技术、应用和治理三大主线出发，展开深入讨论，力求为读者展现人工智能的概貌，与各产业融合的现状和前景，以及治理的可行路径，确保人工智能朝着有利于社会的方向发展，更好地造福人类。

第一篇

人工智能技术简介

各类人工智能技术已经被广泛应用于生产生活、科研教育、国防建设等众多领域，而人工智能前沿技术是引领人工智能 2.0 时代发展的风向标。没有技术的不断革新，人工智能就不会成为全社会领域的风口。全球各行各业已经充分认识到发展人工智能前沿技术对新一轮产业革命具有不言而喻的重要意义。上一篇 2021 年人工智能十大事件的评选从人工智能领域的技术突破、应用突破和治理进展的角度管中窥豹，以点带面回顾了 2021 年度人工智能领域的重大事件。本篇将在此基础上，介绍人工智能的基础技术和先进计算技术，并重点围绕人工智能基础技术中的人工智能算法展开重点讨论，探究人工智能的未来发展方向。

第一章

人工智能基础技术

一、人工智能芯片技术

近年来，人工智能正在以前所未有的速度实现技术的进化，以前所未有的深度赋能百业、塑造未来，而人工智能芯片技术又是人工智能的基础技术，其重要性不言而喻。我国政府高度重视人工智能芯片行业的发展，在"十四五"规划纲要中提出要聚焦高端芯片领域。在政策的大力扶持下，国内人工智能芯片市场发展迅猛。

（一）概述

关于人工智能芯片的定义，可以从广义和狭义两个角度来阐释。从广义角度看，只要能够运行人工智能算法的芯片，都可以被视作人工智能芯片。从狭义角度看，人工智能芯片是指针对人工智能算法做了特殊加速设计的芯片（现阶段的人工智能算法一般以深度学习算法为主，也可以包括其他机器学习算法）[1]。

---

[1] James A P. Towards strong AI with analog neural chips［C］. IEEE International Symposium on Circuits and System，2020：1-5.

人工智能芯片按照技术架构可分为延续传统的冯·诺依曼计算架构的图形处理器（GPU）、现场可编程门阵列（FPGA）、专用集成电路（ASIC）和颠覆冯·诺依曼计算架构的类脑芯片。其中GPU、FPGA与ASIC对比如表1-1所示。

表1-1　GPU、FPGA与ASIC对比

	GPU	FPGA	ASIC
定制化程度	通用型	半定制化	全定制化
开发难度	较易	中等	较高
应用	深度学习训练和数据中心	硬件平台加速，数据中心和云端深度学习预测	人工智能平台和智能终端
优点	开发简单，具有较强的并行运算能力，成本最低	性能高，灵活性好，成本较低	性能高，功耗低，体积小，量产后成本低
缺点	功耗高，硬件结构不具备可编辑性	峰值性能弱，硬件成本较高	初期成本较高，开发周期长
代表公司	英伟达、AMD	深鉴科技、赛灵思	寒武纪、地平线、比特大陆、谷歌

（二）人工智能芯片发展趋势

人工智能芯片的发展突飞猛进，近几年更是有着许多新进展。2020年8月，美国Lightmatter公司开发出光学处理器芯片"Mars"，可加速人工智能计算。该处理器由功率为50毫瓦的激光光源驱动，通过

一个名为"Mach-Zehnder干涉仪"的光学元件替代常规处理器芯片中的乘数累加器装置，可利用光执行矩阵矢量乘法运算。

2021年昆仑芯（北京）科技有限公司成功研制了"昆仑芯2"，该芯片采用7纳米制程和百度自研的2代XPU神经处理器架构，与第一代芯片相比，性能大幅提升；特斯拉推出人工智能训练芯片——Dojo D1芯片，该芯片执行机器学习计算的能力达到了362 TFLOPS。该芯片具备GPU级别的计算能力，又有中央处理器（CPU）级别的灵活性，I/O带宽是网络交换芯片的两倍，热设计功耗不超过4000瓦；嘉楠科技香港有限公司在2021年发布的人工智能芯片K510定位于中高端边缘侧应用市场的推理芯片，能够为人工智能应用提供高性能图像及语音处理能力；瀚博半导体（上海）有限公司发布的人工智能推理芯片SV100系列能够兼顾智能视频解码和人工智能计算需求。

随着人工智能芯片在越来越多的场景中显示出巨大的应用潜力和活力，人工智能芯片的市场前景将越来越广阔。人工智能芯片未来的发展趋势[1]，可以概括为以下几个方面。

ASIC定制化芯片将成为未来的主流。与GPU、FPGA相比，ASIC芯片具有性能高、功耗低的优点，虽然它的前期投入成本比较高，但在各个层面具有显著的优势，将成为未来人工智能芯片行业产品研发的主要布局方向，未来的发展空间较大。

发展通用型人工智能芯片。随着人工智能技术的普及，应用的领域也更加广泛，但是针对特定领域的专用智能芯片不具有较高的通用

[1] 葛悦涛，任彦. 2020年人工智能芯片技术发展综述 [J]. 无人系统技术，2021，4（2）: 1-6.

性，需要进行通用型人工智能芯片的技术研究❶。

发展类脑芯片。随着人工智能、大数据等技术的飞速发展，颠覆传统的冯·诺依曼架构的类脑芯片成为人工智能芯片研究的一种发展方向。类脑芯片模拟生物神经网络架构，相比于传统芯片，在功耗和计算速度上更有优势。目前虽然已经有一些类脑芯片产品面世，如国际商业机器公司（IBM）的TrueNorth芯片、清华大学的天机芯片等，但这些产品距离大规模商业化还差得很远，如何将其科技成果进行商业化运作仍需进一步研究。

二、人工智能算法

人工智能算法是人工智能技术浪潮的核心驱动力。全球各行各业已经充分认识到人工智能前沿算法对新一轮产业革命的重要意义。

人工智能作为一门新兴学科在实际应用中取得了巨大成就。人工智能的核心技术是机器学习算法。机器学习算法根据其发展历程和算法建模的方式，可以大致分为传统机器学习算法与深度神经网络算法。相比于传统机器学习算法，深度神经网络算法更适用于解决复杂问题。因此，本节首先对传统机器学习算法进行回顾，随后详细介绍神经网络算法的前沿发展态势，最后对人工智能算法的发展趋势进行展望。

---

❶ Lecun Y. Deep learning hardware：past，present and future［C］. IEEE International Solid-State Circuits Conference，2019：12-19.

（一）传统机器学习算法

传统机器学习算法种类繁多，主要分为监督学习和无监督学习两大类。监督学习需要学习一组输入变量和一个输出变量之间的映射，并应用这个映射来预测不可见数据的输出。而无监督学习则是利用未被标记的训练样本来解决问题。监督学习和无监督学习又可以分为逻辑回归、决策树、支持向量机、贝叶斯网络、聚类算法等。此处仅列举支持向量机和聚类算法进行简单介绍。

分类和回归是典型的监督学习算法，其中支持向量机（Support Vector Machines，SVM）是具有代表性的分类算法之一。SVM是一种基于结构风险最小化准则的传统分类机器学习算法。SVM将每个样本映射为原始样本高维空间中的一个点，并在这个高维空间中找到一个合适的划分超平面，使得该超平面可以有效区分两类样本，以达到分类的目的。但区分两类样本的划分超平面有很多，且各个超平面对样本的距离各不相同，这意味着这些超平面对不同类别样本的"容忍性"是不同的。为达到更好的分类效果，就需要找到其中最具备鲁棒性的一个划分超平面，也就是找到对未标记样本进行分类的强泛化能力。若将每个样本的超平面的距离之和称为"间隔"，则间隔距离越大，划分超平面的鲁棒性越强。SVM分类应用效果优越，在语音识别、计算机视觉、模式识别等领域有着广泛的应用。

聚类算法是无监督算法的典型，主要是按照设定的特定标准把物理或抽象的对象集合分割成不同类或簇的小集合，这些小集合中的对象彼此相似，但与其他类或簇的对象差异较大，即聚类算法产生的同一类数据对象尽可能聚合在一起，不同的数据对象尽可能分离。聚类算法已经被广泛地研究了许多年，它大体上可以分为基于划分的方法、基于层次的方法、基于密度的方法、基于网格的方法等。

基于划分的聚类方法是将有 n 个对象的数据集划分为 k 个簇，每一个簇表示一个类，且 $k \leqslant n$，代表的算法是K–均值聚类算法（K-means）。基于层次的聚类方法是将给定的对象集合进行层次的分解，代表算法是利用层次方法的平衡迭代规约和聚类方法（Balanced Iterative Reducing and Clustering using Hierarchies，BIRCH）。基于密度的聚类方法是根据数据集密度大小将数据集进行分类，密度高的区域聚类成簇，密度低的区域作为噪声和孤立点处理，具有噪声的基于密度的聚类方法（Density Based Spatial Clustering of Application with Noise，DBSCAN）是经典的基于密度的聚类算法。基于网格的聚类方法是把对象空间量化为有限数目的单元，形成一个网格结构，所有的聚类操作都在这个网格结构上进行，统计信息网格（Statistical Information Grid-based method，STING）算法是典型的基于网格的聚类算法。

（二）深度学习算法

虽然传统的机器学习在近些年仍有不错的研究进展，但是在自然语言、图像、视觉、游戏、医疗等很多领域都难以和深度学习相比。如图1-1所示，在对数据的使用方面，传统机器学习在数据达到一定体量之后就会陷入瓶颈，数据的体量越大，越难以对性能做进一步的

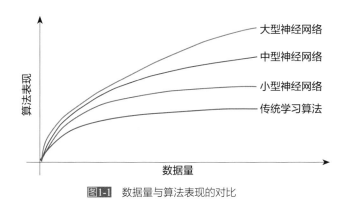

图1-1 数据量与算法表现的对比

提高❶。而且，传统机器学习需要进行十分复杂的特征工程，如数据分析、数据降维等，这通常费时费力，并且通用性不高。

但是从2012年开始，随着谷歌公司的杰弗里·辛顿（Geoffrey Hinton）团队利用AlexNet网络在ImageNet图像识别比赛中取得了冠军，深度学习的研究开始呈爆发式增长，深度学习的相关算法开始逐渐占领人工智能的诸多领域。当下，在计算机视觉、数据挖掘、自然语言处理等众多领域中，深度学习算法的性能都有较大幅度领先。与传统机器学习相比，随着数据量的大幅增加，深度学习算法只要匹配上更大型的神经网络往往就能实现更高的性能，并且深度学习不需要复杂的特征工程，由于其端到端的网络结构，只需要将数据输入网络，往往就能得到较为理想的结果。因此，深度学习相比于传统的机器学习，性能更高、通用性更强，更利于在不同领域之间转换。

基于上述原因，本小节针对深度学习相关内容，从深度学习的前身神经计算开始，逐步介绍深度学习发展至今的一些重要网络，并在

❶ Ng A. Machine learning yearning［M］，2017：10-12.

最后着重介绍深度学习最新的热点研究进展。

1. 神经计算

大脑作为人类生命活动的最高中枢，是人体中最复杂的器官，拥有数百亿个神经元和各类神经细胞。而这些庞大的神经元正是大脑产生智能的基本单位，一个神经元包含了成百上千个突触，用以和其他神经元相连接。

为了探究大脑中神经元传输信息的特性和原理，众多学者开始了最早的神经计算的研究。神经计算在早期是一种为了模仿人脑中神经网络而设计的一个模型。该模型有诸多节点，用来模仿人脑中的神经元，即人工神经元。这些节点之间互相连接，并且各个连接都包含了不同的权重，用来代表不同节点之间的影响力的大小。每个节点均能接受多个节点的值，然后将多个节点的信息通过激励函数运算得到激励之后的值作为该节点的输入。总体来说，神经计算就是早期的一种用以模仿人脑神经元的自适应非线性动态计算模型。

1943年，一种形式神经元模型（M-P模型）❶的提出，正式拉开了神经计算研究的序幕。该模型实质上只是简单地模仿人脑神经元在物理层面上进行建模，并没有学习能力。1958年，感知器（Perceptron）❷被提出，这意味着人工神经网络（Artificial Neural Network，ANN）正式掌握了学习的能力。从此之后，人工神经网络这几十年间得到了长足的发展。

❶ McCulloch W S，Pitts W. A logical calculus of the ideas immanent in nervous activity [J]. The bulletin of mathematical biophysics，1943，5（4）：115-133.

❷ Rosenblatt F. The perceptron：a probabilistic model for information storage and organization in the brain [J]. Psychological review，1958，65（6）：386-408.

2．深度神经网络

随着数字技术的发展，数据集的规模变得越来越大，传统的人工神经网络乃至机器学习技术已经在很多时候无法满足对数据的处理。随着近十年间硬件技术的快速发展，深度神经网络（Deep Neural Network，DNN）已经彻底改变了人工智能的未来，它解决了人工智能领域多年来存在的许多复杂问题。

事实上，深度神经网络是具有多层的人工神经网络的更深层次的变体，每一层之间通过不同的权重相互连接。深度神经网络能够从数字、图像、文本和音频等各种数据中学习层次特征，使其在解决识别、回归、半监督学习和无监督学习的问题方面发挥强大的作用。

最简单的深度神经网络一般包含多层的线性和非线性操作。它可以被看作是具有多个隐藏层的标准神经网络的扩展，允许模型学习更复杂的输入数据表示。

卷积神经网络（Convolutional Neural Network，CNN）是深度神经网络的一种变体，其灵感来自动物的视觉皮层。卷积神经网络通常包含三种类型的层：卷积层、池化层和全连接层。

循环神经网络（Recurrent Neural Network，RNN）是深度神经网络的又一分支，它能够有效处理序列数据。与传统的深度神经网络不同，每个循环神经网络层中的节点都是相互连接的。这种自连接使它能够随着时间的推移从一系列序列数据中记忆信息。长短期记忆（Long Short Term Memory，LSTM）和门控循环单元（Gated Recurrent Units，GRU）是循环神经网络的两种改进模型。

此外，深度生成模型在近些年也得到了大量的运用，它的目的是通过学习训练样本的分布来生成具有一些变化的新样本。深度神经网络通常需要大量的标记样本来学习其参数。然而，在许多实际应用中获得可靠的标记样本是一件费时、费力的事。因此，为了缓解这一问题，生成模型得到广泛使用。它们可以用于解决识别、半监督学习、无监督特征学习和去噪任务等。

近年来，一些功能强大并且用途广泛的深度架构被迅速引入，用以开发可以与人类相似甚至在不同应用领域表现更好的机器，广泛应用于医疗诊断、自动驾驶、自然语言和图像处理以及预测等领域。

近年来表现出色的深度学习模型包括以下几个方面：①生成式对抗网络（Generative Adversarial Network，GAN）。生成式对抗网络为深度学习的发展提供了一条新的思想，即生成器和判别器相互对抗。该思想催生了许多优秀的深度网络模型。②自编码器（Autoencoder，AE）。自编码器虽然不是一个新模型，但是它优异的性能和简明的框架让一些基于自编码器的改进模型有了很大的发展空间，并且这些网络模型在许多人工智能领域大放异彩。③Transformer与BERT。谷歌公司的Transformer和BERT近年来在自然语言处理领域取得了非凡的成就，并且在其他领域同样拥有着很大的潜力，这为深度学习的新发展指明了道路。

（1）生成式对抗网络

生成式对抗网络于2014年由古德费勒（Goodfellow）[1]等人提出，它是一种基于深度学习的生成模型。在一个基本的生成式对抗网络中，通常包含两个子网络：生成网络与判别网络。生成式对抗网络的

---

[1] Goodfellow I，Pouget-Abadie J，Mirza M，et al. Generative adversarial nets［J］. Advances in Neural Information Processing Systems，2014，27：1-9.

基本框架如图1-2所示。在训练生成式对抗网络时,把服从一定分布的随机噪声输入生成网络,生成网络的目标是输出与真样本相似的假样本;随后,真样本与假样本会被一同输入判别网络,判别网络的目标则是判断输入样本的真假与否。在理想情况下,生成式对抗网络通过生成网络与判别网络互相博弈的方式,生成网络输出的假样本将达到"以假乱真"的效果。因此,生成式对抗网络具有极强的"创造"功

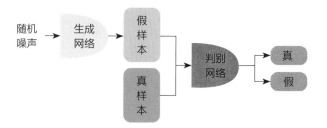

图1-2 生成式对抗网络的基本框架

能。2018年10月25日,由生成式对抗网络绘制的作品《埃德蒙·贝拉米的肖像》(*Edmond de Belamy*,见图1-3❶)在纽约佳士得拍卖会上以约合300万元人民币的价格拍出。2018年图灵奖得主杨立昆(Yann LeCun)评价生成式对抗网络是"近20年内机器学习中最酷的模型"。

生成式对抗网络拥有众多的改进模型。2014年,迈赫迪·米尔扎(Mehdi Mirza)❷

图1-3 《埃德蒙·贝拉米的肖像》

❶ Stephensen J L. Towards a philosophy of post-creative practices?–reading obvious'"portrait of Edmond de Belamy"[C]. Politics of the Machine,2019:21-30.

❷ Mirza M,Osindero S. Conditional generative adversarial nets[J]. arXiv preprint arXiv:1411.1784,2014:1-7.

等人提出了条件生成式对抗网络（Conditional GAN，CGAN），它将样本标签的独热编码引入生成式对抗网络的训练过程，从而将生成式对抗网络原本的无监督学习方式变为有监督学习方式，解决了生成式对抗网络生成样本的类别不可控制的问题。2015年，阿莱克·拉德福德（Alec Radford）[1]等人提出了深度卷积生成式对抗网络（Deep Convolutional GAN，DCGAN），深度卷积生成式对抗网络使用反卷积层与卷积层替换了生成网络与判别网络中大量的全连接层，使得生成式对抗网络原有的模式不易收敛等问题得到了一定程度的解决。生成式对抗网络原本采用詹森–香农散度作为衡量假数据和真数据分布距离的标准，而马丁·阿尔约夫斯基（Martin Arjovsky）[2]等人于2017年提出的瓦瑟斯坦生成式对抗网络（Wasserstein GAN，WGAN）将此标准改为瓦瑟斯坦距离，从而帮助解决生成式对抗网络训练不稳定的问题，提升了生成网络生成的假样本质量。2017年，朱俊彦（Jun-Yan Zhu）[3]等人提出了循环生成式对抗网络（CycleGAN），该模型适用于不同风格图像之间的转化，例如，将冬季拍摄的风景照转换为夏季的风格。同样是在2017年，菲利浦·伊索拉（Philip Isola）[4]等人提出

[1] Radford A，Metz L，Chintala S. Unsupervised representation learning with deep convolutional generative adversarial networks［J］. arXiv preprint arXiv：1511.06434，2015：1-16.

[2] Arjovsky M，Chintala S，Bottou L. Wasserstein generative adversarial networks［C］. International Conference on Machine Learning. PMLR，2017：1-10.

[3] Zhu J Y，Park T，Isola P，et al. Unpaired image-to-image translation using cycle-consistent adversarial networks［C］. IEEE International Conference on Computer Vision. 2017：2223-2232.

[4] Isola P，Zhu J Y，Zhou T，et al. Image-to-image translation with conditional adversarial networks［C］. IEEE Conference on Computer Vision and Pattern Recognition. 2017：1125-1134.

了pix2pix，该模型可以为只有边缘的图像进行着色。安德鲁·布洛克（Andrew Brock）[1]等人于2018年提出了BigGAN，该模型增加卷积的通道数量和增大每次训练的样本数，提高了生成网络生成的假样本质量；另外，BigGAN还采取了一定的截断技巧，保证了训练时模型的稳定性。泰洛·卡拉斯（Tero Karras）[2]等人于2020年提出了StyleGAN，该模型可以通过无监督的方式为图像进行风格迁移。在该模型中，生成网络完成每层卷积后都会被输入噪声以使得生成图像产生一些随机的变化，并且为了控制生成风格变化的方向，引入了混合正则化方法。

　　凭借着强大的生成能力，生成式对抗网络在众多领域都有着广泛的应用。刘虹雨[3]等人提出了一种基于生成式对抗网络的、可用于图像修复的方法，给定具有任意部分区域的输入图像，该方法会生成多幅视觉逼真的修复图像。房屋设计往往需要设计师运用专业的知识与工具解决，这给房屋设计造成了不小的困难。2020年，陈奇[4]等人通过生成式对抗网络，仅需人类的语言描述，就能自动设计出3D房屋模

[1] Brock A，Donahue J，Simonyan K. Large scale GAN training for high fidelity natural image synthesis［J］. arXiv preprint arXiv：1809.11096，2018：1-35.

[2] Karras T，Laine S，Aila T. A style-based generator architecture for generative adversarial networks［C］. IEEE Conference on Computer Vision and Pattern Recognition. 2019：4401-4410.

[3] Liu H，Wan Z，Huang W，et al. PD-GAN：probabilistic diverse GAN for image inpainting［C］. IEEE Conference on Computer Vision and Pattern Recognition. 2021：9371-9381.

[4] Chen Q，Wu Q，Tang R，et al. Intelligent home 3D：automatic 3D-house design from linguistic descriptions only［C］. IEEE Conference on Computer Vision and Pattern Recognition，2020：12625-12634.

型，在人工智能2.0时代，这无疑为智能家居制造提供了巨大的方便。生成式对抗网络在异常检测领域也有不俗的表现。2021年，Liu[1]等人在基于生成式对抗网络的模型中添加了注意力机制来提取局部信息以用于异常检测。在CIFAR-10数据集上的实验表明，该模型具有优秀的异常检测能力。

从整体上说，生成式对抗网络是基于生成网络与判别网络相互博弈的方式进行训练的，达到纳什均衡是其训练的最终目标。在达到纳什均衡的情况下，生成网络的"造假"能力与判别网络的"辨真"能力在理论上达到最优。但目前已有的训练方式较难使生成式对抗网络达到纳什均衡，并且生成式对抗网络不适合生成离散数据。但随着研究的不断深入，生成式对抗网络的缺陷也终将被一步步地弥补，生成式对抗网络也将继续为构建人工智能2.0时代添砖加瓦。

（2）自编码器

自编码器是一种用于数据降维的无监督学习算法。它分为编码器（Encoder）和解码器（Decoder）两部分，编码器将输入数据压缩为低维的隐藏层数据，然后解码器对来自隐藏层的输入数据进行重构。通过最小化输入数据与重构数据之间的差异，让隐藏层数据尽可能地保持输入数据的信息，从而实现数据降维和特征提取的目的。

2013年，迪德里克·P. 金马（Diederik P. Kingma）[2]等人基于自编

---

❶ Liu G，Lan S，Zhang T，et al. SAGAN：skip-attention GAN For anomaly detection［C］. IEEE International Conference on Image Processing，2021：2468-2472.

❷ Kingma D P，Welling M.Auto-encoding variational bayes［J］. arXiv preprint arXiv：1312.6114，2013：1-14.

码器的基础模型结构，提出变分自编码器（Variational Autoencoder，VAE）。与传统的自编码器不同，该模型结合了变分理论和贝叶斯理论，更多是被用于生成数据。也就是说，该模型与生成式对抗网络的目的相似，也是希望能够训练得到一个隐藏层，以便更好地生成类似输入数据却又不完全一致的新数据。变分自编码器同样含有编码器和解码器两个部分，它的基本框架如图1-4所示。

变分自编码器在进行训练时，和一般的自编码器不同，它的数据会被训练成两个维度相同的向量，一个代表均值，一个代表标准差。由训练出的均值和标准差构建隐藏层的分布，并在该分布中采集隐藏层数据。同时，为了让变分自编码器成为一个生成模型，它被添加了一项约束，通常是强迫隐藏层的数据服从标准高斯分布；也正因为有了这一项约束，它和普通的自编码器被区分开来，并得到了广泛的运用。

近些年来，国内外研究学者纷纷对变分自编码器进行研究并提出了许多改进的模型。Hou等人提出了一种深度特征一致变分自编码器（Deep Feature Consistent Variational Autoencoder，DFC-VAE）用

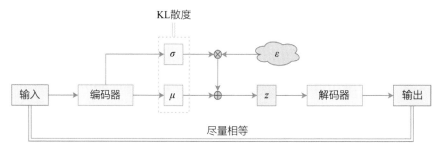

图1-4 变分自编码器的基本框架

于人脸识别[1]。与传统的变分自编码器相比，该方法并没有使用逐像素的损失，转而在输入和输出之间增加一个深度特征一致性，从而使得输出数据能够拥有输入数据的部分空间特性，因此输出的生成图像的数据具有更好的感知质量。Shao等人提出了一种可控变分自编码器（Controllable Variational Autoencoder，ControlVAE），该方法旨在解决现有的变分自编码器模型可能会受限于语义建模中的库尔贝克–莱布勒散度（Kullback-Leibler Divergence，简称KL散度）消失和用于结构任务的重建质量低的问题[2]。该方法将控制器理论与变分自编码器相结合，不仅避免了KL散度消失的问题，并且提高了文本生成的多样性和图像生成的质量。

另一方面，变分自编码器不仅是一个生成网络，它仍然保持着自编码器的传统功能——特征降维。许多研究学者认为，变分自编码器作为一个非线性降维方式，可以稳定高效地表示数据。例如，Hjelm R D等人利用变分自编码器训练亥姆霍兹机器，提出了一种可行的基于磁共振成像数据提取特征的方法[3]。Huang等人提出了一种基于循环神经网络和变分自编码器的电机故障检测和特征提取方法[4]，在该方法中，循环神经网络和变分自编码器被组合起来用于针对时间序列数据

[1] Hou X，Shen L，Sun K，et al. Deep Feature Consistent Variational Autoencoder [C]. IEEE Winter Conference on Applications of Computer Vision，2017：1133-1141.

[2] Shao H，Yao S，Sun D，et al. Controlvae：Controllable variational autoencoder [C]. International Conference on Machine Learning. PMLR，2020：8655-8664.

[3] Hjelm R D，Plis S M，Calhoun V C.Variational autoencoders for feature detection of magnetic resonance imaging data [J]. arXiv preprint arXiv：1603.06624，2016：1-8.

[4] Huang Y，Chen C-H，Huang C-J.Motor fault detection and feature extraction using RNN-based variational autoencoder [J]. IEEE Access，2019，7：139086-139096.

的特征降维，起到了不错的效果。

变分自编码器从让人难以理解的变分理论和贝叶斯理论出发，到真正为广大研究人员接受和广泛运用，虽然经过了比较长的阶段，但是，其本质上就是一种独特的自编码器，它加入的别具一格的"高斯噪声"让这个模型变得有趣且用途广泛。关于变分自编码器的研究远没有停止，随着研究学者更深入地钻研，未来人工智能领域的发展，少不了它的助力。

（3）自然语言处理模型Transformer与BERT

随着谷歌为了解决自然语言处理中的机器翻译问题而发表的一篇名为《你需要的就是关注》（*Attention is All You Need*）的学术论文❶引起巨大反响，Transformer模型在国内外自然语言处理领域乃至整个人工智能领域掀起了研究热潮。

Transformer可以被看作一个处理器，以自然语言处理为例，一种语言被输入进来，经过这个处理器之后，输出另一种语言。Transformer内部结构如图1-5所示，它由两个部分组成，分别是编码器组和解码器组。

其中每个编码器组和解码器组都分别包含了若干个编码器和解码器。这些重复的编码器和解码器的结构虽然相同，但它们不共享网络参数。与一般的编码器和解码器不同的是，Transformer中的编码器和解码器含有不同的结构，并且它们当中包含了多头注意力机制（Multi-

---

❶ Vaswani A，Shazeer N，Parmar N，et al. Attention is All You Need［C］. Advances in neural information processing systems. 2017：5998-6008.

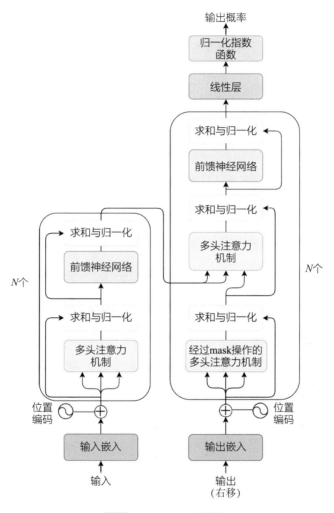

图1-5 Transformer内部结构

head Attention）用以提高注意力层的性能。

自该论文发表至今，Transformer在众多语言任务中体现出了明显的优势，例如机器翻译、文本分类和问题回答等。许多研究学者均以

Transformer为基础对自然语言处理进行了深入研究，其中获得不错效果的有BERT[1]、Generative Pre-trained Transformer（GPT）[2]和Robustly optimized BERT approach（RoBERTa）[3]等。

其中BERT是由谷歌公司发表的论文《语言理解的深度双向变换器预训练》（*Pre-training of Deep Bidirectional Transformers for Language Understanding*）提出的。BERT的预测训练和微调如图1-6所示。该方法首先使用两个不同的任务对该模型的预训练。第一个任务是设计一个MaskLM来进行预训练，简单地说就是将一句话的几个字用Mask来代替，之后通过其他带标签的字去学习这些Mask中应该填入什么。第二个任务就是增加一个对于输入的两个句子是否是连续的

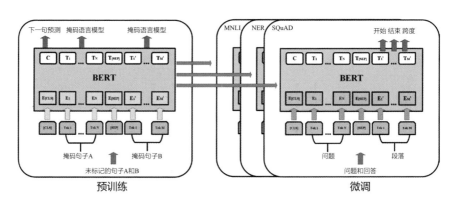

图1-6　BERT的预训练和微调

❶ Devlin J，Chang M-W，Lee K，et al．BERT：Pre-training of Deep Bidirectional Transformers for Language Understanding.arXiv preprint arXiv：1810.04805，2018：1-16．

❷ Brown T B，Mann B，Ryder N，et al．Language Models are Few-Shot Learners.arXiv preprint arXiv：2005.14165，2020：1-75．

❸ Liu Y，Ott M，Goyal N，et al．RoBERTa：A Robustly Optimized BERT Pre-training Approach［J］．arXiv preprint arXiv：1907.11692，2019：1-13．

一个预测，该部分可以用来更好地判断两个句子是否具有先后顺序关系。在预训练结束之后，针对需要处理的不同任务，可以进行针对性的微调。

Transformer在自然语言处理方向的优异性能理所当然地吸引了其他人工智能方向研究学者的目光。众多研究学者将这些模型应用到了其他人工智能领域，如计算机视觉、自然语言处理等。但是，在计算机视觉领域，仅仅一个Transformer是不够的，因为空间和时间的相关属性也需要考虑。因此在Transformer的基础上结合了其他网络设计的模型应运而生。这些模型被广泛运用到了图像识别、目标检测、图像分割等许多个分支领域。

在如今深度学习领域被卷积神经网络所支配的发展现状下，Transformer提出了一种与卷积神经网络不同的模型，并且展现出了非凡的实力，为将来深度学习的发展方向提供了又一条可行的道路。

（三）深度学习研究热点

基于深度学习的方法具有优秀的感知能力，在目标检测、图像分类等方面已经接近甚至超越人类，但在以下两个方面尚存在一些局限性：一方面，在训练深度学习模型时，训练数据都是人为给定的，模型无法直接与外部环境进行交互并自主进行决策；另一方面，当前许多成功的人工智能应用都建立在拥有大量训练数据的基础之上，而在实际应用场景中，极有可能遇到可用数据数量较少甚至没有可用数据的情况。针对前一个问题，基于强化学习的模型通常能够直接从外部环境获取信息并给出最优的解决策略。而针对后一个训练数据不足的问题，迁移学习、小样本和零样本学习可以帮助深度学习克服依赖大量数据的问题。因此，上述几种方法得到广泛关注和研究。下文将选取强化学习、迁移学习、小样本和零样本学习作为深度学习研究热点进行介绍。

1. 强化学习

强化学习是一种学习范式，它由心理学、控制理论和统计学等多学科发展而来。1954年，被后人誉为"人工智能之父"的马文·明斯基（Marvin Lee Minsky）首次提出强化学习的概念。如今，使用最为广泛的强化学习方法是1989年英国伦敦大学研究员克里斯·沃特金斯（Chris Watkins）提出的Q学习方法。在强化学习中，智能体不断地与外部环境进行交互，采用"试错"的方式执行动作以获得"奖赏"，进而指导动作，最终获得优秀的决策能力。强化学习的

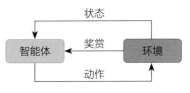

图1-7 强化学习的基本模型

基本模型如图1-7所示。强化学习的目标是使智能体获得更多的奖赏。与监督学习相比，强化学习仅向学习者提供预测的部分反馈。

目前，强化学习在某些领域取得了一定的成功。例如，在充满未知因素的环境中，无人机需要精确导航以寻找合适的路线以及避免发生碰撞，强化学习是解决无人机导航的有效方案之一。美国麻省理工学院的Xu[1]等人设计了一种基于强化学习的混合飞行系统，该系统包

---

[1] Xu J，Du T，Foshey M，et al.Learning to fly：computational controller design for hybrid UAVs with reinforcement learning [J]. ACM Trans. Graph.，2019，38（4）：1-12.

含13个状态变量，分别用来表征无人机的速度、偏航角度等状态，该系统能够实时地学习，帮助无人机有效地避免碰撞，确保安全性。

自深度学习方法取得突破以来，强化学习与深度学习的结合在众多复杂的控制任务领域中取得了成功。深度强化学习既拥有深度学习灵敏的感知能力，也具备强化学习超人的决策能力。与深度学习和强化学习相比，深度强化学习更加贴切人类的思维方式。最广为人知的深度强化学习应用当数2016年谷歌公司旗下DeepMind研发的AlphaGo，它是历史上第一个战胜人类围棋世界冠军的人工智能机器人，在此领域实现了机器对人类的超越。深度强化学习是一种端到端的框架，其学习过程如下：①智能体通过深度学习的方法观察环境，与环境进行交互，并得到某种状态的具体特征表示；②智能体根据预期的"奖赏"对各个动作的价值函数进行评价，然后搜索出一定的策略，按照该策略做出一定的动作；③环境对智能体的该动作进行反馈，智能体得到该反馈，并不断循环上述过程。在理想情况下，最终智能体可以自主地搜索出最佳的策略。

目前，运用最为广泛的深度强化学习算法是Deep Q Network（DQN）。顾名思义，DQN融合了神经网络算法与Q学习方法。2015年，DeepMind使用了DQN方法，该方法在雅达利2600游戏机上的游戏水平与专业的人类游戏测试员水平几乎不相上下[1]。随后，DeepMind继续对DQN进行了众多改进，DQN的性能也不断提升。2016年，戴维·西

---

❶ Mnih V，Kavukcuoglu K，Silver D，et al. Human-level control through deep reinforcement learning [J]. Nature，2015，518（7540）：529-533.

尔弗（David Silver）提出了Double Q-Network，该方法中包含两个Q
网络，其一用于动作选择，另一个则用于动作评估，二者交替工作❶。
Double Q-Network在雅达利2600游戏机上的游戏水平相较于DQN有更
进一步的提升。

　　深度强化学习可用于机器人控制。Won❷等人利用深度强化学习，
设计了一款冰壶机器人，它能够与真人进行冰壶运动竞技比赛，甚至
能够战胜韩国国家轮椅冰壶队。该机器人的核心算法是将强化学习与
深度学习结合起来，即使是在环境时刻发生变化的冰壶运动中，也能
快速捕捉环境特征并进行自主学习。

　　目前已有的深度强化学习工作大多只研究了单智能体强化学习。
但在人工智能2.0时代，在自动驾驶汽车、多机器人控制、金融市场交
易等众多复杂的问题中，应用场景要求多个智能体在共同的环境中一
起发现解决问题的策略，并根据其他智能体的行为变化调整其策略。
因此，多智能体深度强化学习逐渐成为新的研究热潮❸。多智能体系统
中的成功协调需要智能体之间达成共识，因此它比单智能体强化学习
更难达到平衡。若系统转换和奖励中存在随机性或当智能体仅观察到
部分环境状态信息时，智能体之间的合作是极其困难和复杂的。

❶ Van Hasselt H，Guez A，Silver D．Deep reinforcement learning with double q-learning［C］．
AAAI Conference on Artificial Intelligence．2016，30（1）：2094-2100.

❷ Won D O，Müller K R，Lee S W．An adaptive deep reinforcement learning framework
enables curling robots with human-like performance in real-world conditions［J］．Science
Robotics，2020，5（46）：1-15.

❸ Gronauer S，Diepold K．Multi-agent deep reinforcement learning：a survey［J］．Artificial
Intelligence Review，2021：1-49.

在多智能体环境中，每个智能体的动作都有可能对环境产生影响，这对多智能体的训练提出了更高的要求。OpenAI提出了多智能体深度确定性策略梯度算法（Multi-Agent Deep Deterministic Policy Gradient，MADDPG）来解决该难题[1]。该算法采用"集中训练"与"分散执行"的策略。"集中训练"指，在评估各个智能体采取某动作的价值时，不仅要根据该智能体自身的情况，也要结合其他智能体的情况；"分散执行"指，各个智能体只根据自身的情况独立地执行动作，而不需要结合其他智能体的状态或行为。多智能体深度强化学习可以为制造业带来便利。例如，为了有效控制固体氧化物燃料电池的输出电压并提高电池的运行效率，Li[2]等人提出了一种基于多智能体深度强化学习的固体氧化物燃料电池输出电压数据驱动控制器。该方法采用混合动作空间多智能体优化决策技术，通过使用具有离散空间和深度确定性策略梯度的Double Q-Network智能体实现并行探索，从而解决了基于深度强化学习的传统控制器鲁棒性低的问题。仿真实验结果表明，该控制器可以通过调节燃料流量并将其燃料利用率保持在合理范围内来有效控制固体氧化物燃料电池的输出电压。

强化学习与深度学习相结合，使得人工智能技术更加完善，让许多应用都有可能成为现实。但强化学习发展至今，仍然面临容易对训练中的环境过拟合、难以设计性能优异的奖励函数等问题。目前，强

[1] Lowe R，Wu Y，Tamar A，et al. Multi-agent actor-critic for mixed cooperative-competitive environments [J]. arXiv preprint arXiv: 1706.02275, 2017: 1-16.

[2] Li J，Yu T，Yang B. A data-driven output voltage control of solid oxide fuel cell using multi-agent deep reinforcement learning [J]. Applied Energy，2021: 1-17.

化学习主要有以下发展趋势[1]。

发展基于环境模型的强化学习。与传统的监督学习方式不同，强化学习的训练样本数据通常不是独立同分布的，它所面临的难度比传统感知类算法更大。若能提供合适的环境模型，强化学习就能在该环境模型中完成足够数量的"试错"，从而有效减少在真实环境中的"试错"次数，这会进一步提高强化学习的实用性。

提高免模型方法的样本利用效率。目前，大部分强化学习模型采用的是免模型的方法，不对环境进行建模，直接与真实环境进行交互来学习。但强化学习仍旧大多应用于各类游戏中，这主要是由于其数据利用率低下。因此，如何提高免模型方法的样本利用效率，对于强化学习的发展具有重要意义。

将强化学习与迁移学习结合起来。样本效率低是限制强化学习发展的重要原因之一。迁移学习能将从原有任务中学习到的知识应用于新的任务中，利用迁移学习可以帮助强化学习减少对样本的依赖。为了将迁移学习有效地融入强化学习，还急需解决虚拟与现实之间的鸿沟问题，这也对模拟器的质量提出了更高的要求。

2．迁移学习

近年来，深度学习技术在计算机视觉领域取得了巨大的成功，表现出了惊人的学习表征能力。虽然深度学习的成就显著，但大多数的深度学习模型需要依赖大量的标记数据，而数据的收集成本高昂。如何能在没有大量标记的数据中学习就变得尤为重要，因此，迁移学习

---

[1] Yu L，Qin S，Zhang M，et al. A review of deep reinforcement learning for smart building energy management［J］. IEEE Internet of Things Journal，2021，8（15）：12046-12063.

得到了青睐。迁移学习是将源域或任务中学到的知识应用到目标域与问题中[1]，对许多由于训练数据不足而难以改善性能的研究领域产生了积极影响。人们已经提出了相当多的深度迁移学习方法，它们可以分为四类：基于实例的深度迁移学习、基于映射的深度迁移学习、基于网络的深度迁移学习和基于对抗的深度迁移学习。

基于实例的深度迁移学习是指使用特定的权重调整策略，通过为那些选中的实例分配适当的权重，从源域中选择部分实例作为目标域训练集的补充。权重调整策略是这类方法的主要研究重点，其中，MultiSource-TrAdaBoost算法[2]的策略是将高权重分配给源域和目标域中相似的样本，同时降低不相似样本的权重；双权重域自适应算法（Bi-weighting，BIW）[3]则是将源域实例的权重重新分配，分配的原则是数据和特征两个空间的相似度。

基于映射的深度迁移学习是指将源域和目标域中的实例映射到新的数据空间，其中这两个域的实例相似。Tzeng[4]等扩展最大均值差异（Maximum mean Discrepancy）距离作为源域与目标域深度特征的相似性度量，在最大均值差异基础上，Long[5]等提出了使用多核最大均

[1] 龙明盛. 迁移学习问题与方法研究［D］. 北京：清华大学，2014：1-113.

[2] Yao Y，Doretto G. Boosting for transfer learning with multiple sources［C］. 2010 IEEE Computer Society Conference on Computer Vision and Pattern Recognition，2010：1855-1862.

[3] Wan C，Pan R，LI J. Bi-weighting domain adaptation for cross-language text classification［C］. Twenty-Second International Joint Conference on Artificial Intelligence，2011：1535-1540.

[4] Tzeng E，Hoffman J，Zhang N，et al. Deep domain confusion：maximizing for domain invariance［J］. ArXiv preprint arXiv：1412.3474，2014：1-9.

[5] Long M，Cao Y，Wang J，et al. Learning transferable features with deep adaptation networks［C］. International Conference on Machine Learning. PMLR，2015，37：97-105.

值差异（Multi-kernel MMD，MK-MMD）解决模型对于核函数选择过度依赖问题。

基于网络的深度迁移学习是指复用在源域中预先训练好的部分网络，包括其网络结构和连接参数，将其迁移到目标域中。马克西姆·奥卡布（Maxime Oquab）[1]等训练卷积神经网络去学习图像表征，然后迁移到其他的目标识别任务中。龙明盛[2]等提出了一种联合学习源域中的标记数据和目标域中的未标记数据的自适应分类器和可迁移特征的方法，它通过将多个层插入深层网络，指引目标分类器显示学习的残差函数。

基于对抗的深度迁移学习是引入对抗技术，从而找到能够适用于源域和目标域的可迁移表征。Luo[3]等利用域对抗性损失来对抗域转移，并证明了从图像识别到视频动作识别的转移学习任务上的有效性。Tzeng[4]等提出了一个新的、广义的对抗性适应框架，在标准跨领域数字分类任务和一个新的更困难的跨模态对象分类任务上的结果超过了竞争性域对抗网络。

[1] Oquab M，Bottou L，Laptev I，Sivic J．Learning and transferring mid-level image representations using convolutional neural networks [C]．IEEE Conference on Computer Vision and Pattern Recognition，2014：1717-1724.

[2] Long M，Zhu H，Wang J，Jordan M I．Unsupervised domain adaptation with residual transfer networks [C]．Advances in Neural Information Processing Systems，2016：136-144.

[3] Luo Z，Zou Y，Hoffman J，Fei-Fei L F．Label efficient learning of transferable representations acrosss domains and tasks [C]．Advances in Neural Information Processing Systems，2017：164-176.

[4] Tzeng E，Hoffman J，Saenko K，et al．Adversarial discriminative domain adaptation [C]．IEEE Conference on Computer Vision and Pattern Recognition，2017：7167-7176.

下面介绍关于迁移学习在2021年的一些进展。对于迁移学习的通用性研究方面，史蒂芬·M.彼得森（Steven M Peterson）[1]提出了一种用于跨参与者和记录模式迁移学习的通用神经解码器。艾萨姆·贾迪（Aissam Jadli）[2]等人提出了一种利用迁移学习自动验证手写文件的框架，该框架使用预先训练好的深度学习模型来进行特征选择，然后应用机器学习算法来验证所构建的模型。迁移学习能够减少实施这种方法所需要的数据量，同时保证检测扫描文件的准确性。

迁移学习的应用非常广泛，可以应用于图像分类、自动化设计等。利用迁移学习，不需要为了获取新数据而花费高昂的成本，并且能够将已有知识应用于新的领域。

总之，迁移学习是人工智能领域的一个重要方向。而随着深度神经网络的发展，深度迁移学习将被广泛应用于解决许多挑战性问题。

3．小样本和零样本学习

不言而喻，人工智能的未来目标是使机器和人类一样聪明。近年来，由于深度学习理论及算法、大型数据集（如包含1000个类别的ImageNet数据集）和高性能计算设备（如分布式平台和GPU）的出现，人工智能模仿人类的步伐加快了，并在许多领域已经接近人类甚至超越人类。但是，上述成功的人工智能应用依赖于从大规模数据中

[1] Peterson S M，Steine-Hanson Z，Davis N，et al. Generalized neural decoders for transfer learning across participants and recording modalities［J］. Journal of Neural Engineering，2021，18（2）：1-15.

[2] Aissam J，Hain M，Chergui A. Handwritten Documents Validation Using Pattern Recognition and Transfer Learning［J］. International Journal of Web-Based Learning and Teaching Technologies，2022，17（5）：1-13.

学习，这与人类"天生"的学习方法不同。人类只需要少量的示例或者启发性的提醒，就可以根据已经学到的知识迅速推算并获取其他方面的知识，并能良好地胜任这些方面的任务。在人工智能领域中，小样本学习与零样本学习能让深度学习更能接近人类的学习方式。

小样本学习旨在利用极少的训练数据达到理想的训练效果，现有的小样本学习是元学习在监督学习领域的一个应用。将深度学习方法应用到小样本学习中是非常具有现实意义的。根据解决问题方式的侧重点，基于深度学习的小样本学习模型大致分为以下三类：基于度量的方法、基于模型的方法和基于优化的方法❶。

基于度量的方法试图通过衡量训练集中的样本和支撑集中样本的距离，利用最近邻的思想达到分类的目的。Sung❷等人认为需要对度量方式进行建模，并且网络不应该只满足单一的距离度量方式，在该研究者所在团队提出的关系网络（Relation Network）中，使用了均方误差代替交叉熵作为度量方法。

基于模型的方法试图通过模型结构的设计，直接寻找输入和预测的映射函数。马萨诸塞大学的蒙赫德莱（Munkhdalai）❸等人提出的元网络（Meta Network）是典型的基于模型的方法。该模型拥有良好的

---

❶ Wang Y，Yao Q，Kwok J T，et al. Generalizing from a few examples：A survey on few-shot learning［J］. ACM Computing Surveys，2020，53（3）：1-34.

❷ Sung F，Yang Y，Zhang L，et al. Learning to compare：Relation network for few-shot learning［C］. IEEE Conference on Computer Vision and Pattern Recognition，2018：1199-1208.

❸ Munkhdalai T，Yu H. Meta networks［C］. International Conference on Machine Learning. PMLR，2017：2554-2563.

泛化能力，它包含一个"元学习者"与"基础学习者"。"元学习者"能学习元任务之间的泛化信息，通过记忆机制将其保存；"基础学习者"能较快适应新任务，并和"元学习者"交互输出预测类别。

基于优化的方法认为传统的梯度下降方法在小样本场景下较难收敛，因此通过调整优化算法来解决小样本分类问题。收敛速度慢和随机初始化会对收敛结果好坏产生较大影响是梯度优化算法不适用于小样本学习的重要原因。针对这个问题，沙欣·拉维（Sachin Ravi）●等人提出了一种基于长短期记忆网络的元学习模型来解决上述问题，该模型会根据自身的状态来表示分类器参数更新。

传统的监督学习分类会使用带有标记样本的训练集训练模型。然而，零样本学习要识别从未遇到过的数据类别，即训练后的分类器不仅能够识别训练集中已有的数据类别，还能识别未出现过的数据类别。在零样本学习中，因为测试集中包含训练集中不存在的数据类别，所以需要加入一些辅助的信息来完成分类任务，这些辅助信息一般是对已有数据类别和未知数据类别的描述，通常被称为语义空间，而原有样本数据则称为特征空间。

根据解决问题的方式的侧重点，基于深度学习的零样本学习模型大致分为以下两类：基于分类器的方法和基于实例的方法❷。

基于分类器的方法侧重如何直接学习到一个不可见类的分类器，它

❶ Ravi S，Larochelle H. Optimization as a model for few-shot learning［C］. International Conference on Learning Representations，2017：1-11.

❷ Wang W，Zheng V W，Yu H，et al. A survey of zero-shot learning：Settings，methods and applications［J］. ACM Transactions on Intelligent Systems and Technology，2019，10（2）：1-37.

不改变训练数据。美国卡内基梅隆大学的Wang[1]等人引入图卷积网络解决零样本问题，所提出的模型可以利用语义空间和数据类别之间的关系来训练分类器，最终得到的分类器能直接预测不可见类的样本。

基于实例的方法侧重构造属于不可见类的标记样本，然后将它们用于分类器学习。该方法从改变训练数据入手，试图让训练集包含那些未知类别的样本。叶廖尔·科迪洛夫（Elyor Kodirov）[2]等人提出了一种采用语义自编码器的方法用于零样本学习。在该模型的自编码器中，编码器的目标是将视觉特征向量映射至语义空间中，并为解码器添加一个约束条件，该约束条件要求从可见类样本中学习到的投影函数能够更好地推广到新的未见类样本中。

小样本学习和零样本学习与人类学习的方式更加相近，注重在有少量样本甚至是没有样本情况下学习到新的知识。在未来，二者有以下发展趋势：

充分挖掘样本的特性。除了样本本身的特性外，样本还有许多特性可以利用。例如，在图像识别方面，除了识别整个图像的特征外，还可以识别物体不同部位的特征；在基于传感器的活动识别方面，还可以利用时间序列数据的特征。

优化与保持辅助信息。辅助信息不一定以语义空间的形式存在，也可以以其他形式存在，例如，可以是人类定义的类之间的相似信息

[1] Wang X，Ye Y，Gupta A．Zero-shot recognition via semantic embeddings and knowledge graphs [C]．IEEE Conference on Computer Vision and Pattern Recognition，2018：6857-6866.

[2] Kodirov E，Xiang T，Gong S．Semantic autoencoder for zero-shot learning [C]．IEEE Conference on Computer Vision and Pattern Recognition．2017：3174-3183.

等。除利用单个数据集内的信息，利用其他数据集中的信息也是优化辅助信息的一种重要手段。得到辅助信息后，如何在模型学习的过程中对辅助信息进行维护是另一个重要的问题。例如，可以在模型中加入辅助的重构网络，利用该网络重构原始信息，从而帮助维护在学习分类器时可能被丢弃的信息。

（四）人工智能算法未来发展趋势

虽然在近些年，人工智能算法已经取得了长足的发展，并且已经在全社会的诸多领域有了落地运用，但随着社会智能化的逐渐加深和算法产业化的逐渐加快，人们对人工智能算法的期待和要求也越来越高。因此，人工智能算法未来还有许多可改进的空间。

人工智能算法需要向无监督学习领域发展。如今的人工智能领域，小样本数据日趋普遍，许多样本的标记成本非常高。因此，如何更好地使人工智能算法适用于小样本数据变得越来越重要。正如谷歌人工智能高级研究科学家格雷格·科拉多（Greg Corrado）所说，让人工智能更像人：无监督学习代表未来。因此，新一代人工智能应当从有监督学习迈向无监督学习，提高自身的自主学习能力，从而能够适应更多复杂场景。

人工智能算法需要更好的可解释性。近些年来，人工智能算法逐渐参与到高风险性的决策中去，而很多人工智能算法的可解释性却不尽如人意，这导致人们对人工智能算法的信任程度降低。为此，美国国家标准与技术研究所提出"可解释的人工智能"四项原则，以确定人工智能算法所做决定的"可解释"程度。这四项原则可以大大提高人工智能算法在使用时的准确性、可靠性、安全性、鲁棒性和可解释性。因此，新一代人工智能应当提高可解释性，从而更好地服务社会。

人工智能算法需要建立分布式的框架。在未来，数据和算法参数的大量增多势必导致对分布式计算的需求增长。同时，如联邦学习等分散场景需要分布式人工智能算法的支撑。分布式人工智能算法能够使得多个算法的使用者在不同场地、不同时间共同使用算法。因此，提高人工智能算法在分布式运行时的可靠性、安全性、鲁棒性等均是未来发展的方向。

总体来说，虽然如今的人工智能算法已经覆盖了人们生活工作的方方面面，但还有许多需要发展和改进之处。同时，新一代人工智能算法也应当在社会全维度应用，包括智能制造、智慧农业、智能医疗、智慧教育、智慧城市等领域，从而最终为人们带来"智能"生活。

三、人工智能数据集

（一）常见人工智能数据集

随着人工智能技术的飞速发展，人工智能模型和算法层出不穷，许多人工智能算法对数据集的需求越来越大。根据不同研究领域，主流的人工智能数据集通常被分为三大类，即图像数据集、语音数据集和文字数据集。而在实际的研究中，由于图像数据集覆盖内容十分广泛，不同的研究领域又可以根据实际的研究场景将图像数据集分为人体、人脸、自然图像等不同细分种类。在本小节中，根据应用场景，将目前常用的人工智能数据集分为如表1-2至表1-8中所示的几个类别。

表 1-2　常用的人体方面的人工智能数据集

数据集类别	常用数据集
人体检测数据集	PETS 数据集；INRIA Person 行人数据集；UCF Sport Action 运动数据集；UCSD Pedestrian 行人视频数据集；Tsinghua-Daimler Cyclist 数据集；KMU SPC 红外行人检测数据集
姿态识别数据集	FLIC 影视人体检测数据集；Human Pose Evaluator 人体轮廓识别图像数据集；Buffy Stickmen V3 人体数据集；SBU Kinect Interaction 肢体动作视频数据集；Drive&Act dataset 驾驶姿势数据集；Occlusion-person 3D 人体姿态识别数据集；KTH 多视图足球运动员数据集
行为识别数据集	HOLLYWOOD2 行为动作数据集；UCF Sport Action 运动数据集；MuHAVi 动作数据集；LSP 人体姿态估计数据集；UCF50 Action Recognition 动作视频数据；HMDB 动作视频数据集；UCF YouTube Action 数据集；human actions 动作视频数据集；Space-Time Shapes 动作数据集；UT-Interaction 动作视频数据集；Microsoft Research Action 动作视频数据集；PETS 数据集；FineGym 数据集；Charades 数据集
人群密度数据集	UCSD Pedestrian 行人视频数据集；High Density Crowds 人群数据集；PETS 数据集；RGBT Crowd Counting 数据集
三维重建数据集	MPII Human Shape 人体模型数据集
手势识别数据集	Hybrid One-Shot 3D Hand Pose 数据集
目标追踪数据集	PETS 数据集；KMU 行人追踪数据集；MOT Challenge 多目标追踪数据集

表 1-3　常用的人脸方面的人工智能数据集

数据集类别	常用数据集
人脸检测数据集	MS-Celeb-1M 数据集；FDDB 数据集；Wider-Face 人脸检测数据集；BioID-Face 人脸数据集；300 Face in Wild 人脸检测数据集；Caltech 10k Web Faces 人脸数据集；CMU Frontal Face 人脸数据集；AFW 数据集；MALF 数据集；CelebA 数据集；AFLW 数据集；UMDFaces Dataset 数据集
人脸识别数据集	LFW 数据集；Casia-webface 数据集；MS-Celeb-1M 数据集；IJB-B 数据集；VGGFace2 跨年龄人脸数据集；MegaFace 人脸识别数据库；IMDB-WIKI 500k 跨年龄人脸数据集；NIST Mugshot Identification 人脸数据集；Extended Yale Face Database B 数据集；Public Figures Face 人脸数据集；Adience 跨年龄人脸数据集；UMDFaces Dataset 数据集
人脸关键点数据集	LS3D-W 数据集；BioID-Face 人脸数据集；Facial-keypoints 人脸关键点数据集；Caltech 10k Web Faces 人脸数据集；IMM Data Sets 数据集；MUCT Data Sets 数据集；CelebA 数据集；Adience 跨年龄人脸数据集；AFLW 数据集
表情识别数据集	FaceWarehouse 人脸 3D 数据集；GENKI 人脸数据集；JAFFE 数据集；ORL 数据集
人脸聚类数据集	IJB-B 数据集
人脸验证数据集	Youtube-Face 人脸数据集
风格迁移数据集	Face Painting 数据集
人脸的 3D 建模数据集	DCIGN 人脸建模数据集

表 1-4 常用的语音方面的人工智能数据集

数据集类别	常用数据集
多种语言语音数据集	Mozilla Common Voice 数据集；Tatoeba 数据集
英文语音数据集	VOiCES Dataset 数据集；LibriSpeech 数据集；2000 HUB5 English 数据集；VoxForge 数据集；VoxCeleb 数据集；TIMIT 数据集；CHIME 数据集；TED-LIUM 数据集；Google AudioSet 数据集；CCPE 数据集；Free ST American English Corpus 数据集；CSTR VCTK 数据集；LibriTTS corpus 数据集；The AMI Corpus 数据集
中文语音数据集	Free ST Chinese Mandarin Corpus 数据集；Primewords Chinese Corpus Set 1 数据集；THCHS30 数据集；ST-CMDS 数据集；MAGICDATA Mandarin Chinese Read Speech Corpus 数据集；AISHELL 数据集；MobvoiHotwords 数据集；Aidatatang 数据集
其他语言数据集	Vystadial 数据集；ALFFA 数据集；Heroico 数据集；Tunisian_MSA 数据集；African Accented French 数据集；African Accented French 数据集；ParlamentParla 数据集；TEDx Spanish Corpus 数据集

表 1-5 常用的自然语言处理方面的人工智能数据集

数据集类别	常用数据集
文本分类数据集	今日头条中文新闻（短文本）分类数据集；清华新闻分类语料数据集；dmsc_v2 数据集；ChnSentiCorp_htl_all 数据集
字体识别数据集	boson 数据集；MSRA 微软亚洲研究数据集；SIGHAN Bakeoff 2005 数据集
搜索匹配数据集	query-title 语义匹配数据集；SogouE 数据集；ez_douban 数据集；yf_dianping 数据集
推荐系统数据集	MovieLens 数据集；Jester 数据集；Book-Crossings 数据集；Last.fm 数据集；Wikipedia 数据集；OpenStreetMap 数据集

表 1-6　自然场景方面的人工智能数据集

数据集类别	常用数据集
图像分类数据集	ImageNet 数据集；CIFAR-10 数据集；CIFAR-100 数据集；Caltech-101 数据集；Caltech-256 数据集；STL-10 数据集；Corel5k 数据集
图像分割数据集	COCO 数据集；VOC2012 数据集；SUN 数据集；SBD 语义分割数据集；BSDS500 数据集
目标检测数据集	Fire Detection 火焰检测数据集；COCO 数据集；VOC2012 数据集
超分辨率数据集	Set5&Set14 低复杂度超分辨率数据集；Sun-Hays 80 Dataset 超分辨率数据集
鱼类检测数据集	Labeled Fishes 数据集
3D 物体识别数据集	PASCAL-3D 物体数据集

表 1-7　遥感图像方面的人工智能数据集

数据集类别	常用数据集
目标检测数据集	DSTL 卫星图像数据集；RSOD-Dataset 数据集；NWPU VHR-10 地理遥感数据集
图像分割数据集	Inria Aerial Image Labeling Dataset 遥感图像数据集
遥感图像分类数据集	UC Merced Land-Use Data Set 土地遥感数据集

表 1-8　医疗行业方面的人工智能数据集

数据集类别	常用数据集
目标检测数据集	通用病变体数据集
图像分割数据集	CGA-LUAD 肺癌 CT 图像数据；TCGA-ESCA 癌症 CT 数据集；TCGA-CESC 癌症 CT 数据集；Cardiac MRI 心房数据集；Sunnybrook Cardiac 心脏 MR 左心室数据集
图像配准数据集	FIRE 视网膜眼底数据集

以上就是目前应用于人工智能研究的主流数据集，在人工智能的研究过程中，数据集的选择很重要。对数据集进行仔细地筛选和标注，是构造一个高质量数据集的必然要求。高质量的数据集能够极大地提高人工智能算法的训练质量和训练精度。

（二）人工智能数据集的未来发展趋势

由于人工智能算法的发展不断加快，人工智能领域对数据集的要求正在逐步提高。目前人工智能数据集的发展趋势主要有以下三点。

数据集的内容需要专业化。当今人工智能发展迅猛，各个领域都需要大量人工智能的研究，以致人工智能研究走向非常细分的领域，人工智能的研究和落地以及具体的训练数据集、验证数据集、测试数据集都需要明确且专业的定义。对早期数据集的采集和标注也需要拥有专业知识能力的人去完成。数据集的内容专业化，在人工智能大力发展的当下势在必行。

数据集的内容需要多维化。人工智能技术的发展使得多维度的数据融合正加速场景落地，并且多维度数据采集硬件的差异性也在逐步凸显。以如今广受关注的自动驾驶汽车为例，如今车载摄像头已逐步从单个摄像头向多个摄像头的方向发展。但是摄像头的二维平面成像依旧限制着汽车视觉的发展，因此其与激光雷达、超声波雷达等3D传感器的融合也成了目前的发展方向。多维度采集硬件设备的加入，可增加人工智能数据集的多维化发展。

数据集的内容需要精细化。不论是人工智能算法的研究还是产业落地，如何准确快速对数据进行标注一直都是一大难题，数据标注的准确性大大影响着算法的性能和实验的结果。并且在如今大数据的时代，数据量正在逐步攀升，对与之对应的数据标注的准确性的要求也不断提高。

四、人工智能框架

人工智能框架为各类人工智能技术的实现提供了"脚手架"，人工智能的发展离不开人工智能框架的进步。合适的人工智能框架可以帮助研究人员、开发者较为方便、快速地完成目标任务，从而达到事半功倍的效果。

20世纪80年代，由迈斯沃克（MathWorks）公司开发的MATLAB软件、由新西兰奥克兰大学开发的R系统等工具为众多开发人员实现各种传统机器学习算法提供了便利。自2006年杰弗里·辛顿首次提出深度学习的概念后，深度学习便在计算机视觉、自然语言处理等领域取得了瞩目的成就，展现了巨大的发展潜力。目前，深度学习是人工智能技术的主流方法，本节对深度学习框架进行介绍。

（一）主流深度学习框架对比

深度学习框架为深度学习技术的实现提供了底层架构。开发人员能够利用深度学习框架较为快速地构建各种神经网络模型，从而促进人工智能技术的开发、更迭与创新。目前，较为流行的深度学习框架有TensorFlow、PyTorch、飞桨（PaddlePaddle）。

TensorFlow 是一个端到端的开源深度学习框架，它由谷歌公司的人工智能团队——谷歌大脑进行开发，并于2015年开放了源代码。TensorFlow支持Python、Java、C++、C#等多种编程语言，提供GPU和张量处理器（TPU）加速运算功能，并且拥有较高的可移植性，能够部署于个人电脑（PC）终端、服务器、万维网（Web）网页和移动终端上。由脸书人工智能研究院开源的PyTorch，支持动态神经网络与GPU加速功能。PyTorch是一个基于Torch的深度学习框架，支持Python编程语言。飞桨是中国首个开源、功能完备的深度学习框架，它由百度公司于2018年开源，支持Python编程语言。飞桨的逻辑推理引擎支持众多芯片，并且对国产硬件的适配进行了优化。飞桨具有多端部署能力，能够为移动端、服务器等不同平台设备提供服务。

表1-9展示了截至2021年6月中国深度学习平台市场综合份额排名（数据来源：互联网数据中心）。表1-10将主流的深度学习框架TensorFlow、PyTorch、飞桨进行了对比。

表 1-9　中国深度学习平台市场综合份额排名

名次	公司
1	百度（飞桨）
2	谷歌（TensorFlow）
3	脸书（PyTorch）
4	伯克利大学（Caffe）
5	阿里（X-Deep Learning）
6	华为（MindSpore）

（续表）

名次	公司
7	亚马逊（MXNet）
8	腾讯（NCNN）
9	微软（CNTK）
10	其他（旷视 MegEngine 等）

表 1-10　TensorFlow、PyTorch 与飞桨的对比

条目	框架		
	TensorFlow	PyTorch	飞桨
开发公司	谷歌（美国）	脸书（美国）	百度（中国）
支持的编程语言	Python、Java、C++、C# 等	Python	Python
动态图	支持	支持	支持
自动微分	支持	支持	支持
异步接口	支持	支持	支持
元算子融合	不支持	不支持	支持
统一内存	支持	不支持	支持
整体优势	①跨平台能力强；②支持多 GPU、分布式训练；③社区开发者众多，文档资料丰富详尽	①简洁，代码易于理解；②支持动态神经网络	①多端部署能力强；②支持大规模分布式训练
缺点	①接口频繁改动，不同版本之间差异较大；②接口设计较繁杂，对初学者不友好	由于采用动态计算图，优化空间较小❶	文档资料相对不足

❶ 王哲. 发展深度学习技术需要更重视深度学习框架［J］. 人工智能，2020（3）：114-124.

近几年来，国内的开源软件生态取得了不小的进步。目前，除上文介绍的百度公司开源的飞桨外，国内其他一些公司、大学、研究所也提出了各自具有创新意义的深度学习框架。之江实验室联合中国信息通信研究院、浙江大学等机构共同研发了之江天枢人工智能开源平台，于2021年8月发布的天枢平台2.0版本首次使用了"深编码-浅解码"结构，有效提升了中文预训练模型的运行效率。清华大学研发了计图（Jittor），计图可以自动地将动态图拆分成可以优化的子静态图，不仅具备动态图的灵活性，也拥有静态图的高运算性能。

（二）深度学习框架未来发展趋势

2021年，TensorFlow、PyTorch和飞桨等深度学习框架争相发布了各自的新版本，使得深度学习框架在各个方面都取得了可观的进步。

TensorFlow在适配性等方面有可观的提升。2021年3月，谷歌公司发布了TensorFlow 3D，TensorFlow 3D包含了先进的3D目标检测、3D语义分割和3D实例分割模型，使3D场景理解模型的研发更加简单。2021年5月发布的TensorFlow 2.5.0新增支持Python 3.9和CUDA 11.2。2021年10月发布的TensorFlow 2.6.0优化了一些常用函数，使它们在内存分配等方面更加合理。2021年11月发布的TensorFlow 2.7.0则引入了谷歌的现代轻量级通信协议，支持服务器和客户端各自在独立的应用中启动。PyTorch更加注重提升开发体验。2021年6月发布的PyTorch 1.9更新了PyTorch Mobile模块中的Mobile Interpreter，它能将移动设备上的二进制文件压缩至原文件大小的一半左右，方便了文件传输。

PyTorch 1.9还允许开发者进行弹性、容错分布式的训练。2021年10月发布的PyTorch 1.10进一步减少了CPU的工作负担，提高了程序运行效率。飞桨在适配性和程序运行效率等方面也有提升。2021年5月发布的飞桨v2.1增加了对Python 3.9、CUDA 11.2和AMD ROCm的支持，并进一步加大了对国产硬件的适配力度，提升了能够在国产的百度昆仑芯片上运行的神经网络模型数量。飞桨v2.1还对一些常用的方法进行了优化，降低了显存的利用率。

深度学习框架是各类人工智能技术开发的基础，在人工智能2.0时代，发展深度学习框架也是人工智能走向商业化必不可少的环节。经过总结，深度学习框架目前主要有以下发展趋势。

提高可移植性。随着人工智能的不断发展与推广，为了实现智慧城市、智能制造等目标，人工智能算法势必在各种设备乃至仪器上运行。作为人工智能算法"脚手架"的深度学习框架，提高其可移植性可以加速人工智能技术的传播。

注重分布式训练。在训练阶段，很有可能需要使用大量的样本对人工智能算法进行优化，而这时，单单一台计算机就会显得吃力，甚至无法进行训练。未来，为了应对大规模数据的训练情景，进一步提升分布式训练的性能是必需的。

灵活易用与高性能并重。灵活易用与高性能是众多开发者、企业选择深度学习框架的重要因素。未来，人工智能不仅仅是中大型科技公司的"游戏"，许多人工智能技术爱好者、在校学生都可以深入了解人工智能的原理与应用，这要求深度学习框架在追求高性能的同时，还要注重易用性的建设。

第二章

先进计算技术

随着数字经济的蓬勃发展，数据资源大量涌现。面对持续产生的异构海量数据，传统的计算技术因受限于摩尔定律的物理极限，越发难以应对当下的算力需求。面向不同层面、不同角度、不同应用场景的先进计算技术应运而生。发展先进计算技术能够从计算理论、计算架构、计算系统等多个层面有效提升现有算力规模、降低算力成本、提高算力利用率。这其中包括类脑计算、量子计算和DNA计算等典型代表技术。上述技术发源于不同学科的交叉融合，使计算效能得到了全方位的突破，深刻地影响了如今的计算体系。

一、类脑计算

（一）类脑计算定义

在人工智能时代，随着图像与视频处理、数据挖掘、自然语言处理等智能化应用的高速发展，数据处理量呈现指数级增长，处理和存储单元分离的冯诺依曼架构的瓶颈逐渐显现，传统计算架构亟须调整以满足日益增长的算力需求。针对这个问题，基于非冯诺伊曼架构的类脑计算可能是更好的选择。

类脑计算是指从硬件结构到模型算法均由人脑神经系统结构和信息处理机制所启发的新型计算方法。人脑中存在数百亿个神经元和数万亿个神经突触，但其日常功耗仅仅有10~25瓦。神经元既有计算功能，又兼具存储功能。我们可以将人脑理解为一台高性能、低功耗的计算系统，它具备低功耗、高并行、高容错、可自主学习等显著优点。模仿人脑的工作方式和体系结构来处理复杂的信息，可以解决目前冯诺依曼计算架构面临的"存储墙""功耗墙"等诸多挑战，使计算更快、更节能，以达到用更少的器件、更低的能耗、更快的速度来处理人工智能计算任务的目的。

（二）类脑计算最新进展

目前，国际上对于类脑计算的研究可分为两大类。一是自上而下，这种方法通过研究大脑内的结构和功能运行机制，进而模仿大脑功能，如欧盟的人类脑计划和美国的脑科学计划等；二是自下而上，这种方法通过建构与大脑功能结构相关的假说和模型，进而验证模型是否与真实的神经结构、动力学规律相符。

过去一年，类脑计算的最新进展包括体系、机构方面的研究，以及在类脑计算芯片上的突破。目前，对于类脑计算来说，还没有通用的系统层次结构或对完备性的理解，这影响了软件和硬件之间的兼容性，损害了类脑计算的编程灵活性和开发效率。2020年10月，清华大学计算机系张悠慧团队和精仪系施路平团队与国外合作者在《自然》期刊上了发表一项最新类脑计算体系结构的突破性研究成果❶，提出"类脑计算完备性"以及软硬件去耦合的类脑计算系统层次结构，该研究通过理论论证与原型实验证明了该类系统的硬件完备性与编译可行性，以及利用"天机"芯片等硬件性能架构与类脑计算软件相互兼容（即软硬件去耦合）的特点，扩展了类脑计算系统的应用范围，使之能支持通用计算，从而实现用类脑计算构建通用人工智能。该成果通过利用提出的系统层次结构，将各种程序统一表示，并转化为任何神经形态完备硬件上的等效可执行程序，实现了向工具链软件的转化，以支持不同类型的程序在各种典型硬件平台上的执行。这一成果展示了系统层次的优势，包括由神经形态完备性引入的新的系统设计维度。研究者提出的神经形态完备性的概念和神经形态计算的系统层次，可以改善编程语言的可移植性、硬件完备性和类脑计算系统的编译可行性。

硬件方面，类脑计算芯片在近十年内引起了各国研究人员的广泛关注。当前类脑计算芯片的典型方案包括SpiNNaker芯片（曼彻斯特大学研发）、TrueNorth芯片（IBM研发）、BrainScaleS芯片（海德堡大学研发）、Neurogrid芯片（斯坦福大学研发）、Loihi芯片（Intel研发）、"天机"芯片（清华大学研发）等。国内的研究进展方面，2020年9月，浙江大学联合之江实验室成功研制了基于浙江大学达尔文类脑芯片的

---

❶ Zhang Y，Qu P，Ji Y，et al. A system hierachy for brain-inspired computing [J]．Nature，2020，586（7829）：378-384.

类脑计算机。该类脑计算机共包含792颗类脑芯片，其芯片承载的神经元网络规模与小鼠的大脑相当。

（三）类脑计算发展趋势

现阶段对类脑计算的研究才刚起步，这个新的领域中存在大量需要攻克的问题。在脑学科方面，人类还没有完全解开大脑的运行机制和认知机制。除此之外，现有的数学理论分析和计算机仿真工具还不足以支撑类脑计算的快速发展。类脑计算的发展任重道远，其主要研究趋势❶分为以下三个方面：

神经形态芯片的进一步研究。神经形态芯片主要是为了避免冯·诺依曼结构的瓶颈，以低功耗的方式实现信息的传输和处理。然而，目前的芯片和深度学习等算法的研究还有一定的距离。未来神经形态芯片应该能够和主流算法如深度学习同步，这是研究的热点。

提升模仿生物神经元的人造元件性能。模仿生物神经元的人造元件需要在构造设计和材料选择方面进行改进以提升性能。人工神经元是一个很有前景的项目。

神经形态模型仍有较大的提升空间。目前的研究多集中于大脑的局部功能。大脑的整体结构和功能，包括信息传递和区域协调，还没有被完全理解，对已知的生物机制的利用仍需改进。

---

❶ 莫宏伟，丛垚. 类脑计算研究进展. [J] 导航定位与授时.2021.8（4）: 53-67.

二、量子计算

（一）量子计算定义

近年来，量子计算技术发展突飞猛进，已经成为新一轮科技革命和产业变革的前沿领域。世界各国政府高度重视量子技术的发展，纷纷出台政策，持续加强在量子技术领域的科研规划与布局投入。欧盟在2016年就提出"量子技术旗舰计划"，对量子技术的整体研发与商业化制定了切实的目标，并在2018年正式启动4个领域的19个科研项目。美国白宫科技政策办公室在2017年就将量子信息科学列为国家发展重点。随后，2018年美国颁布《国家量子倡议法案》，提出在五年内拨款10亿美元用于支持量子技术开发。国内政策方面，2020年10月，习近平总书记在中央政治局专题集体学习中，做出把握量子科技大趋势，下好先手棋的系列重要指示，为加快促进我国量子信息技术领域的发展提供了战略指引和根本遵循。2021年3月，"十四五"规划中进一步明确，在量子信息领域组建国家实验室，实施重大科技项目，谋划布局未来产业等一系列规划部署。

量子计算是将微观量子效应与计算机科学相结合，基于量子调控技术进行信息处理的新型计算方式。量子计算以量子比特为基本单元，利用量子叠加和量子干涉等原理实现并行计算，能在某些计算困难的问题上提供指数级加速，是未来计算能力跨越式发展的重要方向。

（二）量子计算最新进展

近年来，量子计算取得了一系列突破性进展，尤其是在量子计算机领域。目前，国际上对量子计算机的研究划分为三个标志性的发展阶段。第一阶段是实现对于一些超级计算机无法解决的高复杂度特定问题的高效求解，实现"量子霸权"；第二阶段是研制可相干操纵数百个量子比特的量子模拟机，用于解决若干超级计算机无法胜任的具有重大实用价值的问题，如量子化学、新材料设计、算法优化等；第三阶段是研制可编程的通用量子计算原型机。目前，国内外在量子计算领域均有一些代表性的成果涌现，"量子霸权"已经实现。

国外方面，以美国为例，各大科技巨头纷纷公布了量子计算机与模拟技术路线图。IBM提出，在2023年建造一台包含1000个量子比特的量子计算机；谷歌则计划在2029年以前建造一台包含100万个物理量子比特的量子计算机，实现量子计算机的商用。谷歌在量子计算领域已深耕多年。早在2019年9月，谷歌就推出包含53个量子比特的量子计算原型机"悬铃木"❶，该量子系统只用了200秒完成一个计算，而同样的计算用超级计算机summit执行，则需要1万年。2021年7月，谷歌在《自然》期刊上发表了一篇论文，指出研究人员在基于谷歌量子处理器"悬铃木"的基础上实现了量子计算错误抑制的指数级增长❷。

---

❶ Arute F，Arya K，Babbush R，et al. Quantum supremacy using a programmable superconducting processor［J］. Nature，2019，574（7779）：505-510.

❷ AI G Q. Exponential suppression of bit or phase errors with cyclic error correction［J］. Nature，2021，595（7867）：383-387.

研究数据表明，研究人员将一维链重复码的量子比特数量从5个提高到21个，对逻辑错误的抑制实现了最多100倍的指数级增长。2021年11月，美国斯坦福大学和谷歌合作，使用量子计算原型机"悬铃木"创建了"时间晶体"❶，其研究成果被发表在《自然》期刊上。研究人员通过量子计算机的特殊能力证实了"时间晶体"真实存在，但是由于量子设备的尺寸和相干时间有限，因此，该团队只能观察到几百个周期而不是无限期的时间晶体振荡。

国内方面，中国科学技术大学的潘建伟团队在量子计算领域也有诸多重要进展。早在2017年，潘建伟团队就成功构建了世界首台光量子计算原型机。2019年，潘建伟团队实现了将20个光子输入到60模式干涉线路的玻色取样，其输出复杂度相当于48个量子比特的希尔伯特空间，逼近实现"量子霸权"。2020年12月，潘建伟团队构建了76个光子的量子计算原型机"九章"❷，"九章"在高斯玻色取样算法中的计算速度比目前世界上最快的超级计算机"富岳"快一百万亿倍。2021年5月，潘建伟团队成功研制出了超导量子计算原型机"祖冲之号"❸，并成功演示了二维可编程量子行走。"祖冲之号"能够将现存功能最强大的超级计算机需要8年完成的任务样本压缩至最短1.2小时完成，充分展现了量子计算的优越性。10月，潘建伟团队和中国科学院

❶ Mi X，Ippoliti M，Quintana C，et al. Time-Crystalline Eigenstate Order on a Quantum Processor [J]. Nature，2021：1-11.

❷ Han-sen Zhong，Hui wang et al.Quantum computational advantage using photons [J]. Science，2020，370（6523）：1460-1463.

❸ Gong M，Wang S，Zha C，et al. Quantum walks on a programmable two-dimensional 62-qubit superconducting processor [J]. Science，2021，372（6545）：948-952.

上海技术物理研究所合作，成功构建了66比特可编程超导量子计算原型机"祖冲之二号"❶，实现了对量子随机线路取样任务的快速求解❷。12月，潘建伟团队成功构建了113个光子的量子计算机原型"九章二号"❸，并实现了相位可编程功能，完成了对用于演示量子计算优越性的高斯玻色取样任务的快速求解。

（三）量子计算发展趋势

量子计算技术是人类探索微观世界的重大成果，它对传统技术体系进行了革命性冲击和颠覆式重构，是引领新一轮科技革命、产业变革方向的重要技术。尽管目前国内外在量子技术的研究上已取得一些初步成果，但由于多种并行发展的技术路线尚未收敛、关键应用场景尚未突破落地，量子技术的研究与应用仍将具有长期性和不确定性。量子计算技术的发展任重道远，其未来发展趋势可以概括为以下几个方面❹。

量子纠缠。量子计算的核心指标之一是多个量子比特的纠缠态制备。随着量子比特数量的不断增加，操纵带来的噪声、串扰和错误也

❶ Wu Y，Bao W S，Cao S，et al. Strong quantum computational advantage using a superconducting quantum processor［J］. Physical review letters，2021，127（18）：1-22.

❷ Zhu Q，Cao S，Chen F，et al. Quantum computational advantage via 60-qubit 24-cycle random circuit sampling［J］. Science Bulletin，2021：1-15.

❸ Zhong H S，Deng Y H，Qin J，et al. Phase-programmable Gaussian boson sampling using stimulated squeezed light［J］. Physical review letters，2021，127（18）：1-9.

❹ 江逸楠. 量子计算的发展趋势综述［J］. 无人系统技术，2020，3（3）：67-74.

会增加，这是量子计算未来发展要解决的问题。

量子计算技术与人工智能的结合。量子计算技术能够提高人工智能的数据分析处理能力，这为进一步获取高阶智能提供了有效途径。此外，量子技术的关键突破亟须人工智能的参与，以解决量子计算研究中面临的问题，如量子机器学习、量子模拟、量子启发式机器学习、智能控制量子硬件等领域中的问题。

量子比特规模化扩展。量子计算的商用有赖于量子比特的规模化扩展，通常需要几千个甚至百万级量子比特。而量子计算目前只有几十个量子比特，因此实现量子比特规模化扩展也是量子计算未来的一大挑战。

三、DNA 计算

（一）DNA 计算定义

DNA计算是利用脱氧核糖核酸（DNA）编码将需要求解的问题合成为具有特定序列的DNA分子链，然后在生物酶的作用下，用DNA分子链的可控生化反应过程进行问题求解，最后再利用分子生物技术（如聚合酶链式反应等）得到最终的运算结果。

DNA计算作为一种新型的分子计算方法，和传统的电子计算相比具有如下优势：①高度的并行性；②存储容量极大，1克DNA所能存储的信息量可与1万亿张CD光盘相当；③可将问题的非解排除在初始解空间之外，降低问题求解的复杂度；④低能耗，在同样的计算量下，分子计算机需要的能量仅为电子计算机的十亿分之一；⑤能够在更细微的水平上实现精确计算，DNA计算扩展了在单分子纳米水平上的计算手段。

在应用方面，DNA计算的应用与研究主要集中在旅行商问题、背包问题等0－1规划问题，以及生物传感器、生物检测器、生物逻辑门等问题上。未来，DNA计算机有望被应用于逻辑研究、密码破译、基因编程、疾病防治及航空航天等领域。

（二）DNA计算最新进展

DNA计算最早出现于1994年美国加利福尼亚大学的阿德勒曼（Adleman）博士发表在《科学》期刊上的文章。Adleman首次通过生化方法求解了7个顶点的哈密顿回路问题，展示了用DNA进行特定目的计算的可能性，并开创了DNA计算的先河。目前，DNA计算的主要热点研究方向有DNA逻辑计算模型和DNA计算机，前者是实现DNA计算的重要依托，后者是DNA计算研究的重要目标。

1. DNA逻辑计算模型

计算机的主要组成部分包括运算器、控制器、存储器以及输入设备和输出设备，布尔逻辑门是这些部件运行机制的核心。因此，在实现DNA计算机之前，必须先构建DNA逻辑门并建立DNA逻辑计算模型，以实现分子计算和生物传感。目前，按照应用技术，现有主流的

DNA逻辑计算模型可分为基于链置换的DNA逻辑计算模型、基于核酶的DNA逻辑计算模型、基于G-四链体的DNA逻辑计算模型、基于DNA自组装的逻辑计算模型等。

（1）基于链置换的DNA逻辑计算模型是主流方向之一。DNA链置换的计算原理是DNA分子始终会向着最稳定的状态迁移，在反应体系中，最稳定的互补DNA链会结合，其他的DNA链则会被置换，该模型具备反应速度快、灵敏度高、并行度高等优点，因此被广泛应用到DNA分子逻辑计算模型的研究中。传统的DNA链置换信号检测往往通过荧光标记法来检测输出信号，其缺点是成本高且限制了分子逻辑电路的计算能力。该模型的最新研究方向开始向新型荧光标记技术和新型DNA分子操控技术方向拓展。

（2）基于核酶的DNA逻辑计算模型的研究发展也很迅速。核酶在单细胞生物和细菌中首次发现并被提出，本质是核糖核酸（RNA），其分子结构在逻辑计算模型构建中有着很好的兼容性和可控性。近些年，通过调控核酶的分子结构及活跃状态来控制核酶对目标DNA分子的切割，已经成为构建DNA逻辑计算模型的主流方法之一，并在生物医药、基因检测等领域也展现了不俗的应用潜力。该模型的最新研究方向集中在调控核酶手段的扩展上（从链控制到金属离子控制等），以便构建更稳定的逻辑计算模型。

（3）基于G-四链体的DNA逻辑计算模型近几年才逐渐兴起，G-四链体是一种四螺旋DNA结构，它可以和许多化学物质特异性结合，组成人工过氧化物酶，脱离传统的荧光标记检测技术，使得DNA分子逻辑计算模型的构建变得更简单，成本也更低，因此，基于G-四链体的DNA逻辑计算模型发展迅速。由于G-四链体与快速分裂的细胞比如肿瘤细胞有密切关联，因此由它构建的DNA逻辑计算模型在癌症诊断、癌症治疗等医疗领域有着巨大的研究价值。

（4）基于DNA自组装的逻辑计算模型是最早开始被研究的逻辑计算模型之一。DNA自组装是指特定DNA分子通过杂交，形成多种DNA自组装结构（如DNA瓦片、DNA折纸结构等）的过程。DNA自组装结构相比普通的DNA分子具有更好的可控性、可观性、稳定性等优点，而且在结合纳米金、纳米铜等纳米材料的应用上更具优势。未来，该领域的研究将继续在DNA自组装结构上进行创新扩展，这一模型在纳米结构、纳米机器等领域将得到更好的应用。

除上述的主流DNA逻辑计算模型构建方式（表2-1），还有很多新型DNA分子操控技术及分子材料正在被开发。DNA逻辑计算也正在向更深层次的学科、领域融合，应用范围也在进一步扩大。

2. DNA计算机

DNA计算机具有存储密度高和并行度高等优点，其目标是实现任何可以计算的有效算法，并开拓传统硅基计算机难以施展的应用场景，如组合优化问题、调度问题等。DNA计算机的研究目前尚处于早期阶段，许多研究还处于模型阶段。目前已经实现的DNA计算机还是基于图灵机模型的架构，如2001年贝嫩森（Benenson）研究小组研制的基于生物分子的可编程自治计算机，它将DNA双螺旋编码的转换规则作为软件，把输入链和输出链结合起来，被认为是一种可编程的、

表 2-1 主流 DNA 逻辑计算模型构建方法对比

类型	时间	特点	未来研究方向	应用领域
基于链置换的 DNA 逻辑计算模型	2006 年至今	1. 反应速度快 2. 灵敏度高 3. 并行度高	1. 开发新型荧光检测技术 2. 开发新型 DNA 分子操控技术	生物医学等
基于核酶的 DNA 逻辑计算模型	2009 年至今	1. 兼容性好 2. 可控性好	向调控核酶手段的扩展	生物医药、基因检测等
基于 G- 四链体的 DNA 逻辑计算模型	2002 年至今	1. 信号检测成本低 2. 模型构建相对简单	充分利用 DNA 优良的生物相容性，与其他材料进行集成适配	癌症诊断、癌症治疗
基于 DNA 自组装的逻辑计算模型	2000 年至今	1. 可控性 2. 可观性 3. 稳定性	自组装结构的创新扩展	纳米结构、纳米机器等

可自治解决组合优化问题的有限自动机。为更好地解决图灵机无法很好解决的非确定性多项式难题（NP问题），2016年柯林（Currin）等利用DNA设计了非确定性通用图灵机（NUTM）的计算方法，开辟了设计基于非确定性通用图灵机的计算机的前景。针对硅基计算机不能处理较大规模的NP完全问题的局限，2016年，许进首先提出了与图灵机不同的探针机计算模型，并在之后进一步证明图灵机是探针机的特

例，并在此基础上给出了探针机实现方法的5个步骤。但目前非图灵机框架下的探针机还处于理论研究阶段。

（三）DNA计算发展趋势

尽管DNA计算已经在DNA计算模型、DNA计算机系统、实际问题应用研究等方面取得了长足的进展，但是总体而言，DNA计算的研究还处于初始阶段，面临着大量的理论挑战和实际问题。

普遍性问题。目前，DNA计算一般仅针对某个特定的具体问题，没有统一模型，不具备普遍性，这限制了DNA计算的推广。

规模性问题。随着计算任务复杂化，所需的DNA分子数呈指数级增加，计算错误率也大大增加。同时，由于规模庞大且反应混杂，反应时间消耗长，需要几小时或几天的时间来得到最终的计算结果。此外，受限于合成技术，没有缺陷的高质量合成寡核苷酸的实际长度不超过200个碱基。以上原因均限制了DNA计算处理大规模问题的能力。

精确性问题。生化杂交等生物操作具有不可控性，此外还存在DNA链容易断裂等问题。即使有些可靠度高的实验体系可以保证问题求解的精确性，但是这些操作较为复杂，没有达到DNA计算实用性的要求。

解的检测问题。生化反应的复杂性产生了大量伪解，如何从大量伪解中精确、快速地检测出真解，是DNA计算面临的最困难的问题之一。尽管通过电泳技术、聚合酶链式反应（PCR）扩增等技术能够将所需的解检测出来，但这些方法都依赖于基因工程检测技术的进步。

环境敏感问题。 DNA计算的独特优势在于与生理环境的直接交互，从而能够对细胞内、活体内的生物信号做出响应，实现智能诊疗等应用。然而，DNA计算系统能否在复杂的生理环境（温度、酶、pH值）中正常运行仍面临重大挑战。

平台简单问题。 DNA纳米技术已经发展到可以实现任意复杂三维结构的自组装，但大部分基于DNA纳米技术的DNA计算系统仍局限于以二维DNA折纸结构作为平台，这限制了系统的复杂度。

面对这些问题与挑战，随着DNA分子理论及实验方法、分子生物学技术的快速发展，相关领域的新研究能够为DNA计算研究提供新理论、新方法。未来可能的技术突破方向如下。

DNA计算模型中的编码设计研究。 高质量的编码设计能够提高DNA计算过程的可靠性，进而直接影响反应过程的速度和效率。由于根据约束条件构建通用的DNA计算编码方案实现难度较大，因此，建立一套多目标评价体系，根据实际问题的需求，赋予不同目标函数不同的权值，来实现针对具体问题的DNA计算编码序列的优化设计与选择，可能是一个可行的解决方法。

基于基因编辑技术的DNA计算噪声控制研究。 DNA计算中的噪声问题可以通过错误纠正码、重复计算、动态校对、基于CRISPR的基因标记、基于CRISPR/Cas9的核酸内切酶的使用等方法来解决。

CRISPR/Cas9基因编辑技术具有可编程、特异性、简单易用、精确高效等特点，如将其引入DNA计算过程中，可有效地减少DNA计算中的核酸内切酶种类，提高核酸内切酶效率，排除伪解，从而方便快捷地检测DNA计算结果，这能够极大地促进DNA计算的进一步发展。

基于三维自组装的DNA计算模型的研究。尽管DNA计算模型在二维自组装的理论和实践上都表现出了一定的计算优势和潜力，但是这些二维自组装过程并没有充分发挥DNA特殊结构的性能。随着对自组装现象的认识逐渐深入，多种三维组装立体结构被构建出来。如何充分地利用DNA结构的特性，基于三维分子自组装设计DNA计算的模型，是未来重要的研究方向。

本篇概述了人工智能基础技术和先进计算技术。通过对人工智能芯片技术、人工智能算法、人工智能数据集和人工智能框架的详细介绍，本篇深入探讨了人工智能基础技术的来龙去脉与未来发展方向。其中人工智能算法作为人工智能基础技术的重中之重，在本篇被着重介绍。正所谓有算法之根本，才能撑得起人工智能产业发展之繁盛，只有持续不断地对人工智能算法进行巩固发展，人工智能技术才会在未来给我们更好的回报。同时，人工智能芯片技术、数据集、框架同样重要，树大才能根深，掌握好主干的同时，共同发展好其他人工智能领域分支是人工智能2.0时代的真正的未来目标与方向。

在对人工智能基础技术和先进计算技术初步了解的基础上，后续篇章将进一步探究人工智能技术在三大产业（农业、工业和服务业）中的应用。人工智能技术与各行各业的深度融合，正在经济社会领域不断重构生产、分配、交换等经济活动环节，形成从宏观到微观的智能化新需求，催生新业态、新模式、新产业，成为各产业变革的核心驱动力。

第二篇

人工智能应用

人工智能被认为是第四次工业革命的核心驱动力，呈现出技术和应用场景深度融合创新的社会新趋势，给全球带来了一场深刻的变化。在本书第一篇对人工智能技术细致梳理的基础上，第二篇将进一步分析目前人工智能在三大产业，尤其是服务业的应用情况，梳理各领域应用的政策背景和现状，提出应用中存在的问题与挑战，并展望未来趋势。这有助于理解人工智能如何给产业创新注入新活力和新动能，理解人工智能如何给人们的生产、生活方式带来新变化，进一步理解技术逻辑下社会变化的整体脉络。

本篇围绕人工智能在三大产业中的应用，并选取服务业作为研究重点，展开讨论。服务业目前在我国国内生产总值（GDP）中占比超过 50%。研究表明，服务业的劳动生产率与人均 GDP 高度正相关。人工智能在服务业领域的应用是提高服务业劳动生产率，实现经济中高速增长的关键。因此，在服务业中，我们进一步选取了医疗、金融、交通物流、软件和信息技术服务业、房地产、体育、数字文娱等重点领域。这些领域在服务业中占比较高，同时是涉及国计民生的关键领域。面对全球百年未有之大变局和日益严峻的人口老龄化、资源环境约束等挑战，加快人工智能与各产业的深度融合应用，不仅是提高全社会劳动生产率，提升我国产业创新力与竞争力的必由之路，也是全面提升人民生活品质，建设富强民主文明和谐美丽的社会主义现代化强国的重要支撑。

第三章

人工智能在农业领域的应用进展

一、领域宏观背景和重点问题

在过去的半个世纪中，得益于绿色革命等一系列农业革新和技术进步，全球粮食生产出现显著增长。以中国为代表的一批发展中国家积极推进农业现代化进程，稳定食物供应，显著降低了全球粮食安全风险。但考虑到21世纪中叶全球人口数量预计将达到90亿，如何确保粮食安全、满足日益增长的食物需求仍是国际社会面临的重大挑战。按照联合国粮食及农业组织制订的粮食和农业可持续发展目标（SDG）计划，在2050年前，我国农业还需要解决以下问题。

- 提升农产品产量和质量，提高生产效率；
- 应对高度不确定的气候变化对农业生产的影响；
- 应对日益恶化的土地质量和日益稀缺的水资源，合理利用自然资源，提高能源生产和利用效率；
- 控制农业生产的物质成本与环境成本，减少温室气体排放，缩减资源消耗型生产系统；
- 优化食物分配机制，完善供应链，稳定粮食价格；

- 完善定价机制，充分反映食物生产的负外部性；

- 减少食物损失和浪费；

- 改善居民膳食结构，减少营养不足、微量营养素缺乏、超重和肥胖等问题；

- 提高动物福利，管理对资源密集型动物食品的需求。

上述问题给本来就面临粮食生产压力、环境压力和能源安全压力的我国农业提出了新的挑战。随着现代农业逐步蜕变为多目标引领、多要素驱动、多边博弈的复杂系统，解决这些问题也势必需要引入新的方法和工具，形成更加可持续的资源使用方式和更高效的农业生产路径。

2019年，国家农业信息化工程技术研究中心主任、中国工程院院士赵春江曾将我国发展智慧农业的战略目标总结为"机器替代人力""电脑替代人脑""自主技术竞争力增强"这三个转变，着力提升农业生产数字化水平，降低使用成本，提供个性化、精准化信息服务，进而促进现代化农业发展。2020年赵春江将"三个转变"战略目标进一步阐述为：一是通过农业大数据与人工智能等技术，提高涉农人员运用信息与知识水平和管理决策能力；二是通过农业智能装备的创新发展，核心解决农村劳力短缺、人工成本高的问题；三是核心解决"卡脖子"与短板技术，确保农业安全自主可控[1]。

由此来看，应用于农业的人工智能应当着力解决以下五大问题。

---

[1] 赵春江. 发展智慧农业 建设数字乡村 [J]. 农机科技推广，2020（06）：6-9.

1．科学管理农业生产，提高农业综合生产能力

人工智能农业应当通过大数据挖掘等技术对农事活动进行跟踪，在农业生产领域构建起集作物生长模型分析、环境生态监管、精准资源调控为一体的自动化系统平台，帮助生产者科学、精准地进行决策，减少生产资料成本、劳动力成本和时间成本，进一步推动农业生产的精准化管理与农业投入产出比的最大化，全面提升农业生产效率和资源利用率。

2．减少信息不对称，稳定农产品供给与需求

人工智能农业应完善现有供应链，有效开辟农产品生产、加工和销售各个环节的信息渠道，加速解决农业供应链的信息不对称问题。通过平台的大数据和反馈机制，生产者可以掌握市场情况，有效匹配供需双方，了解需求方的个性化需求，更好地制订产销计划，定制客户所需农产品的生产，减少农业的盲目生产，减少农产品损失，实现农产品优质高价。

3．构建农产品可追溯体系，确保质量安全

人工智能农业应当改善病虫害监控和农药滥用问题，对种植有效性、生产环境安全性做出合理判断，增加农产品产量，改善产品质量。同时，建立全程可追溯、互联共享的农产品质量和食品安全信息平台，对农产品流通过程实行全程监管，从而实现农产品从田间到餐桌的全程可追溯。

4．发展新模式新业态，提升农业全产业链价值

人工智能农业应当通过新一代信息技术的跨界融合，进一步拓展智慧农业的应用场景，在数据平台服务、无人机植保、农机自动驾

驶、精细化养殖等方面，为智慧产业链提供信息化技术支撑；推动发展农村电子商务、农产品众筹、农产品新零售等发展模式创新，形成基于传统互联网平台、云平台的现代农业新业态，重塑农产品产业链和价值链。

5．改善农业生态环境，推动农业可持续发展

人工智能农业应通过精细生产、测土配方施肥、农业节水灌溉、农业废弃物利用等，达到保护农业生态环境的目的；卫星可携带高精度传感设备，建立农业生态环境监测网络，获取土壤、水文等农业资源信息，匹配农业资源调度专家系统，实现农业环境综合治理、农业生态保护和修复，进而促进农业的可持续发展。

二、政策分析

当前，美国、日本、欧盟等国家和地区在人工智能农业领域进展较快，无论是在相关政策支持还是技术研发应用等方面均处于"领头雁"的位置，形成了具有鲜明特征的智慧农业发展模式。

20世纪90年代起，美国政府每年用于农业信息网络建设、相关技术推广和应用的资金超过10亿美元，以美国农业部（USDA）等机构为主体，在农业数据资源采集和储存方面，建立了农业信息收集发布系统、农业教育科研推广系统、公司系统和以农场为主的民间服务组织系统，基于公共部门公开的数据进行数据挖掘分析，指导农业生产者进行生产管理。

美国农业的发展历经机械化、杂交种化、化学化、生物技术化后，正在走向智慧农业。现有的大量结合物联网、人工智能的高精尖技术，包括智能机器人、温度和湿度传感器、航拍和全球定位系统（GPS）等，大幅度提升了美国农场的运营效率。美国利用"5S技术"[1]、智能化农机技术等研发了智慧农业生产线系统，接近70%的美国农场采用传感器采集数据，将农业机器人应用到播种、喷药、收割等农业生产中。

人口老龄化、农业劳动力不足、农田弃耕与荒废情况尤为严重的日本，较早地开始智慧农业布局，并将其作为"超智能社会"（Society 5.0）和"未来投资战略"的重要组成部分，由政府主导，联合企业、大学、科研机构、农业团体及大型农场加以推进。日本积极推进农业信息化体系建设，加强制定农村信息化市场规划和发展政策，规划建设农业基础设施，统筹谋划农业市场信息服务系统。同时，日本还通过制定《生鲜食品电子交易标准》，建立了生产资料共同订货、发送、结算标准。

欧洲农业机械协会（European Agricultural Machinery Association，CEMA）于2017年提出，未来欧洲农业的发展方向是以现代信息技术与先进农机装备应用为特征的"农业4.0"（Farming 4.0）。参考德国"工业4.0""农业4.0"的基本理念与其一致，两者皆需要借助物联网、

---

[1] 5S技术：一般认为是遥感技术（Remote Sensing，RS）、地理信息系统（Geographical Information System，GIS）、全球定位系统（Global Positioning System，GPS）、数字摄影测量系统（Digital Photogrammetry System，DPS）、专家系统（Expert System，ES）五种技术名词中最后一个单词首字母的统称。

大数据、云计算的应用，利用传感器从种植对象或养殖对象处收集数据，上传至数字技术综合应用平台，处理后再分发到对应农机上，进一步提高农业效率。

自2012年以来，我国连续十年（截至2021年）的中央一号文件积极推动农业领域的人工智能和相关技术发展。2012年首次全面部署农业科技，提出"加快推进前沿技术研究，在农业生物技术、信息技术、新材料技术、先进制造技术、精准农业技术等方面取得一批重大自主创新成果"。2015—2016年提出在"智能农业"领域取得重大突破，将信息技术作为农产品质量和食品安全监管、农产品成本和价格监测、农村基础设施建设和公共服务等工作的重要内容，其中"互联网+"、物联网、云计算、大数据、遥感等在2016年得到重点突出。2017—2021年，中央一号文件连续五年要求加强农业领域的科技创新，其中，2020年着重强调发展"物联网、大数据、区块链、人工智能、第五代移动通信网络、智慧气象"等现代信息技术，2021年则进一步要求"推动新一代信息技术与农业生产经营深度融合"，突出"农业农村大数据体系""高端智能、丘陵山区农机装备研发制造""移动物联网""农业气象综合监测网络"等。

在"十三五"期间，人工智能成为我国现代化农业发展的重要组成部分，多项政策文件中均提出发展人工智能及相关技术。2017年起，中华人民共和国农业部（2018年3月重组为"中华人民共和国农业农村部"）组织开展数字农业建设试点，推进大数据、云计算、物联网、移动互联、遥感等技术在农业领域的应用，在大田种植、设施园艺、畜禽养殖、水产养殖等领域探索农业生产智能化、经营信息化、管理数据化、服务在线化等现代农业生产"四化"。2018年《中共中央国务院关于实施乡村振兴战略的意见》明确指出"大力发展数字农业，实施智慧农业林业水利工程，推进物联网试验示范和遥感技术应用"。《乡村振兴战略规划（2018—2022年）》部署实施智慧农业工程和"互联网+"现代农业行动。2020年，中央网信办、农业农村部等七部门联合印发的《关于开展国家数字乡村试点工作的通知》要求开展国家数字乡村试点工作。经过十余年的发展，人工智能与农业的结合逐步向深水区迈进，从点的突破转化为系统的提升，为农业发展注入了新的活力。

三、技术应用现状

（一）生产要素管理与农情监测

对于土地、水、劳动力等农业生产要素投入和农产品产出的管理是农业面临的首要问题，同时也是人工智能与农业结合较早且较为深入的领域。由于农业具有较强的公共性、基础性和社会性，人工智能在这一领域的应用往往既要服务于农业生产主体，也要解决政府、下游企业、市场参与者等非农业生产主体面临的诸多问题。在实践当中，人工智能发挥的作用可以大致分为以下三个方面。

1．生产要素管理

生产要素管理，即对各类要素进行统计、分析和评价，协助政府部门决策资源配置，帮助农业生产主体进行经营规划。这项工作的核心在于宏观数据的获取和挖掘，而非支持具体的农业生产环节。从公共服务的角度看，政府部门需要权衡农业生产力提升、乡村发展、环境保护和社会公平等多重政策目标，在宏观管理的角度上监控自然资源的使用情况并进行合理调配，以满足经济和社会发展需求。从农业经营决策的角度看，卫星、无人机、传感器的数据结合政府的统计及调查数据形成的大数据资源可以有效地支持农户的自然决策过程，对农户种植什么作物、何时种植等经营问题提供优化建议。

目前，美国、加拿大、澳大利亚和中国的农业主管部门均基于人工智能搭建了本国的农业数据统计系统，为生产者和市场参与者提供免费的数据服务。以美国为例，美国农业部设立国家农业统计局（NASS），为国内生产者提供农业产量评估与预测数据。这些数据通常用于帮助美国的种植者和养殖者进行市场决策与生产管理，其中最常见的应用场景包括采购种子、农药、化肥、饲料等农资，农产品的期货或期权交易，规划农场的经营内容或制订扩大生产的计划等。同时，对于农业生产链条中的其他主体，例如农业仓储、运输服务商或农机供应商，这些数据也显示了服务对象的基本情况，有助于生产经营决策。这些数据可以帮助农业领域的生产经营主体在充分掌握信息的情况下做出生产经营决策，控制经营风险，提高经营利润。

NASS同时还提供其他地理信息服务，包括定期跟踪检测植被和作物状况的CropScape与VegScape数据库，评估土壤水分状况与相关植被状况的Crop-CASMA（Crop Condition and Soil Moisture Analytics）数据库，针对玉米、大豆、棉花和小麦四项大宗作物的具域级作物长势及状况跟踪CPCGL（Crop Progress and Condition Gridded Layers）数据库，实时监测农业灾害的灾害分析数据库，以及按土地用途分类的高精度Land Use Strata数据库。

2．农情监测

对农作物生长状况、耕地利用强度、农业气象条件、突发灾害等农情信息进行监测，可以为生产主体提供预警，并为政府部门的农业生产和农产品管理提供支持。

气象监测预警是农情监测领域的重要内容。近年来，农业生产的重要议题之一就是提高应对气象灾害和气候变化的能力，强化食物供应链的"韧性"。气象灾害与气候变化可以对粮食安全产生显著的影响。据联合国粮食及农业组织估计，农业生产损失占气象灾害造成损失的26%，其中，全球农业生产损失的30%与干旱相关，经济损失超过2000亿元人民币。

人工智能对气象监测预警的帮助分为以下三类：一是收集更大规模的天气监测数据，整合气象卫星、政府和企业气象设备乃至太阳能板、汽车、智能空调的监测结果，使利用物联网收集并处理实时气象数据成为可能；二是通过机器学习改进气象预测，如美国国家海洋和大气管理局（NOAA）的一项研究显示，机器学习可以实现更准确的冰雹预测，以及显著增强对雷暴、台风等极端天气的预判能力[1]；三是可以通过智能系统，将气象监测和预警结果定制化地推送给中小型农

① McGovern A，Elmore K L，Gagne D J，et al. Using artificial intelligence to improve real-time decision-making for high-impact weather［J］．Bulletin of the American Meteorological Society，2017，98（10）：2073-2090.

户，为其提供高水平的气象信息服务。

3. 产量预测

对农作物的产量进行预测，可以为农业生产者提供数据支持，但更重要的作用是为农产品市场的参与者（如加工商、贸易商、物流商等）和政府部门提供信息，以便调整相关经营管理计划或政策措施，控制农产品市场运行风险和粮食安全风险。

作物产量受到气候、土壤、灌溉、种子、肥料和病虫害等多种因素影响，使产量预测成为一项复杂的系统工程。通常的预测方法是以温度、降水、土壤类型、酸碱度、光照、作物品种等作为自变量，以产量作为因变量，建立预测模型，并持续利用历史数据训练模型，提高准确度。

产量预测的数据来源主要依靠遥感监测、气象监测、农情监测结合入户调查。越是接近收获季节，预测的精度往往也就越高。一些难以进行遥感监测的作物还可以借助地面设备进行产量判断，例如一些设备可以自动计算树枝上的咖啡果实，并将咖啡果实分为可收获、不可收获和不成熟三类，估算咖啡果实的重量和成熟百分比。

这些宏观管理手段所需的大规模精细数据集，源于遥感技术以及基于人工智能的数据收集和处理技术的大范围应用。在资源管理领域，前沿研究已经开始尝试使用无人机结合卫星遥感，将前者的高分辨率和高时效性和后者的广泛覆盖数据相结合，精确、高效地收集农田作物的表型信息。在产量预测领域，随机森林、神经网络、线性回归和梯度提升树等机器学习模型，以及卷积神经网络、长短期记忆和深度神经网络等深度学习算法，可以持续优化产量预测模型并提高预测的准确度。

世界现有的农业生产系统面临气候变化、资源减少、食物需求增加、生产成本上升等一系列严峻挑战，这些因素正在削弱未来农业系统的可持续性，使农业生产迫切需要重大创新。而人工智能在以上领域的应用则为精益化的农业管理提供技术支持，助力农业生产系统保持韧性、提升效率。

（二）作物管理

人工智能在作物管理等领域的应用更多地聚焦于农业生产本身。由于农业在实践中的生产环境、作物品种和种子质量等通常不能达到理想状态，其实际产量往往低于其潜在的产量。在目前最高产的农业系统中，实际产量也只有理想产量的80% ~ 85%。这就给更高水平的作物管理和农艺技术提供了发挥作用的空间。

作物管理的核心目标是在现有土地资源条件下，优化作物生长过程中的水、肥、地膜等投入品数量，使温度、湿度和土壤养分环境更加贴近作物需求，提高农业产量。在这方面，受当前农艺科技研究水平的限制，传统的耕作方式相比人工智能可能仍具一定优势，但面临两大突出问题：一是高度依赖农民长期耕作形成的直接农艺经验或技术，使新的种植技术传播和生产发展都极为缓慢；二是传统的粗放式农业生产往往需要大量资源投入，以致投入过度对生态资源造成损害，威胁农业生产的可持续性。

通过现代的人工智能手段，基于图像识别和传感技术，已经可以实现通过机器学习技术进行农业生产管理，其具体体现在：①实时跟踪土壤中的水分含量，通过田间设备精准灌溉，节约农业用水损耗，保证水资源的有效和平衡利用；②根据不同地块土壤质量和作物长势，设计施肥方案并精准施肥，在不破坏土壤中的营养结构和平衡，导致土壤性状恶化的前提下，有效地提升土壤肥力，减少化肥用量和施肥成本；③监控气象变化，掌握作物长势并进行评估，协助农户进行风险评估，调整种植、采收、轮作等耕种方案。

这些应用适用于具有一定规模或组织水平较高、作物品类品种较为统一的连片农地，通过对农田的物联网数据、遥感成像或农地高光谱成像数据进行分析和预测，引入相关农艺研究成果或农技服务，形成可以应对复杂生长环境和气候变化的栽培优化决策模型，帮助农户据以建立合理有效的作物栽种模式，并在区域内广泛推广。这些应用还可以整合为涵盖农业服务和技术提供的统一平台，为农户和农技人员提供农田的深层信息和咨询服务，打造区域化的农业运营管理系统。

案例 3-1

Laconic 精准施肥系统

Laconic 平台是一套在线的化肥施用决策支持系统，专门为澳大利亚的农业生产者提供施肥解决方案。这一平台可以根据作物长势灵活判断化肥施用量，进行精准施肥，从而帮助用户节约化肥开支，保持土壤肥力。

Laconic 用户需要使用谷歌地图（Google Map）插件创建并绘制

农场边界，上传农作物的品种品类、历史产量等信息，并且将播种或收割设备的控制系统与 Laconic 平台关联。平台将根据实时气候、产量、农机实时拍摄的农田照片等数据，使用算法测量作物需要的肥料数量，为用户生成最佳肥料推荐方案，形成用肥比率地图，告知用户机械施肥的地点和数量，并且带动一台小型设备自动完成精准施肥。用户可以使用网络浏览器与平台和设备交互，手动控制各地块的用肥比率，并获得化肥使用情况、土壤管理和费用节约报告。

该平台也对农技和农业咨询企业开放。农技人员可以在平台上为农户提供服务，将肥料配方销售给顾客，并管理顾客的施肥情况与产量数据。此外，随着用户持续上传多个耕作季节的历史产量，平台可以优化算法，提高用肥的准确度。

Laconic 平台按施肥的公顷数付费。同时，平台为每位用户提供一小块耕地的免费测试版本。据 Laconic 声称，其平台用户的平均回报率超过 100%，即平台每投入 1 美元，节约的化肥成本超过 2 美元。

SkySquirrel Technologies 无人机监测案例

SkySquirrel Technologies 是将无人机技术引入葡萄园的最早的几家公司之一。该公司旨在帮助用户提高作物产量并降低成本。用户对无人机的路线进行预编程，一旦部署完毕，该设备将利用计算机视觉来记录图像，用于后期分析。

无人机完成预设路线之后，用户可以借助通用串行总线（USB）接口将无人机连接到计算机上，并将采集的数据上传到云端。SkySquirrel 使用算法对采集的图像和数据进行整合和分析，以提供有关葡萄园健康状况的详细报告，特别是葡萄树树叶的状况。葡萄树树叶通常是葡萄藤病害（如由霉菌和细菌引发）的晴雨表，因此分析其健康状况报告可以有效地了解葡萄树及其果实的健康状况。

据称，该技术可以在 24 分钟内扫描 50 英亩（1 英亩 =4046.86平方米）土地，并且数据分析的准确率可达 95%。

（三）病虫害监测与治理、杂草治理

农作物病虫害是农业生产的主要灾害之一，严重影响农作物的产量和品质，在极端情况下可能造成粮食危机。在很多国家，农业病虫害相当普遍。据刘万才等[1]的统计数据，2006—2015年我国各类病虫害年均发生面积为4.6亿～5.1亿公顷次，年均实际损失粮食1965.49万吨，占全国粮食总产量的3.53%。

在病虫害监测与治理工作中，首要目标就是在露天耕地或温室环境下快速、有效、准确地识别病虫害种类，确定病虫害发生的位置和范围，评估病虫害的严重程度，从而指导农户采取相关防治措施，减少作物损失。传统的识别方式主要依靠人工临场检查、辨识、测量和

---

[1] 刘万才，刘振东，黄冲. 近10年农作物主要病虫害发生危害情况的统计和分析 [J]. 植物保护，2016，42（005）：1-9.

统计，这导致农业技术人员要进行大量费时费力的重复性工作，使得有限的农业技术人员疲于奔命，另外，其监测的准确性也受制于农技人员的主观臆断。目前一些便携式检测仪器能够辅助识别特定病虫害情况，但容易受光照、湿度、温度等环境因素影响，往往需要人工操作，自动化和智能化程度较低。

病虫害监测治理的另一个重要目标是精准防治。目前，针对病虫害最普遍的做法是在种植区均匀喷洒农药。这种做法虽然有效，但财务成本和环境成本较高。农药可能残留在作物中，污染地下水，对当地野生动物和生态系统造成影响。其中，农药残留直接影响农产品的销售和流通，例如在2021年，我国就有多批次茶叶出口因不符合欧盟的农残标准，被其拒绝入境。这就需要运用人工智能对识别效率、识别准确性、应用场景等方面进行优化，同时也要提高基于检测情况进行病虫害治理的自动化程度。

应用于病虫害监测治理的人工智能主要通过遥感、地理信息、全球定位、图像处理等技术，采用支持向量机、多层感知器、随机森林等算法，通过分析农作物病虫害图像来识别病斑的形状、颜色、区域等，判断农作物病害的种类和严重程度（表3-1）。

杂草治理是与病虫害监测类似的一个问题。许多农业生产者认为，杂草是作物生产最重要的威胁。而准确治理杂草的关键技术壁垒在于如何通过图像识别将杂草与作物区分开来。同样，机器学习算法与传感器相结合，可以在低成本、低破坏的前提下，实现对杂草的准确检测和识别，从而最大限度地控制除草剂对农作物的影响，并且减少对除草剂的需求。

表 3-1　常见的农作物病虫害监测形式

平台	使用环境	功能特点	实际应用
台式	温室	生长箱中配置机械臂，搭载 3 台高分辨率相机	2017 年部署于美国阿肯色州立大学生长箱
传送带	温室	效率高，不受环境限制	部署于比利时 CropDesign、英美烟草等公司
车载	田间	可搭载于现有机器，成本低，效率较高	2017 年部署于美国佐治亚大学试验田
自走	田间	多个立体摄像头同步触发，多组立体镜头叠加确保对高大农作物数据的获取	2014 年部署于美国爱荷华州立大学试验田
门架	温室 / 田间	不受环境影响，每天可重复测量，效率高	2018 年部署于中国南京农业大学试验田
悬索	田间	覆盖面积大，可搭载多种摄像头和传感器	2017 年部署于美国内布拉斯加大学林肯分校试验田
无人机	田间	搭载热成像仪和相机	2018 年部署于澳大利亚堪培拉州试验田

案例
3-3

Blue River Technology 杂草治理案例

　　Blue River Technology 是一家位于美国加利福尼亚州的智能农业设备制造企业，也是首个成功利用计算机视觉和机器学习技术开发出生菜种植解决方案的供应商。该公司于 2020 年开发了 See & Spray 喷雾机器人，实现了对棉花种植园中杂草的精准治理。

该机器人高约 4 米，轮胎直径近 2 米，轮距宽约 3 米。机器下方布置有高分辨率相机，可以收集高帧率图像。其在田间行驶时，一个基于 PyTorch 平台开发卷积神经网络的工具可以实时进行计算机视觉分析，针对每一帧图像，生成一个高精度的作物和杂草位置图。一旦作物和杂草被识别出来，机器将向杂草准确地喷洒除草剂。一次识别、处理过程可以在几毫秒内完成，从而在短时间内处理尽可能多的农田，实现高效的杂草治理。

根据公开报道，该机器人的杂草识别模型目前只能用于分辨棉花作物和常见杂草。专业农艺师和科学家先采集大量的棉花作物和杂草的图像，进行人工标注，进而运用 PyTorch 和 Slurm 运行数千个机器学习作业进行。目前，See & Spray 的优化工作由三个团队进行：数据科学团队负责与机器学习、A/B 测试、流程改进相关的数据分析，机器学习团队负责优化模型性能，应用团队负责核心模型的实地部署。

Blue River Technology 声称，See & Spray 机器人可减少农产品中 80% 的化学品残留，降低 90% 的除草剂用量。该公司于 2017 年被大型农机制造商约翰迪尔收购，并获得 3.05 亿美元投资。

（四）采收机器人

采摘是整个农业生产中最耗时、最费力的环节，需投入整个生产劳动时间的40%。稻谷、小麦、玉米等大宗农作物的采收工作大都已经机械化，但相对娇嫩的水果、蔬菜的采收仍然依靠人工。从农业由劳动力密集走向技术密集的大趋势来看，农业的人工成本持续提升，作物采收的报酬缺乏竞争力，人力工作终将由机器人完成。在一些发达国家，这一转变已经初见端倪，愿意从事季节性的、低效而重复的水果和蔬菜采摘工作的农场工人已经越来越少，以致出现了成熟水果无人采收的情况。

与作物管理、病虫害监测等应用类似，采收机器人仍然以图像的捕捉和识别为基础，依托大量传感器和人工智能来分析作物成熟度和所处位置。但除此之外，还需要另外两个模块：一是明确设计采收路径；二是引导机械手臂灵活地完成采收动作。在路径规划方面，采收机器人利用MoveIt! 运动框架、深度学习或无人机导航等方式，实现运动规划；在采收动作方面，采收机器人通过视觉反馈驱动运动实现采收，并且结合概率运动原语（ProMP）、演示学习方法（LfD）等手段，避免割伤或刮伤植物枝干。

由于运动规划、计算机视觉和采收操作的应用方案都相当复杂，这导致现已开发成功的采收机器人都相当昂贵。除了售价高昂外，采收机器人高度精密的采收设备组件往往也面临更加复杂的故障和机械维护问题。

案例 3-4

Root AI 农业机器人案例

Root AI 是一家美国的农业机器人初创企业，成立于 2018 年。该公司于 2020 年开发了可用于小番茄采摘的机器人 Virgil。

就番茄采摘而言，用于制作酱汁的番茄已经可以实现机械化采摘，但供应零售市场的新鲜番茄只能手工采摘。而 Virgil 则尝试用农业机器人实现小番茄的成熟度分析和采摘动作，替代手工采摘工作。

Virgil 机器人主要用于番茄温室内的采摘。在一系列摄像头捕捉形成的三维坐标框架内，Virgil 机器人沿着室内轨道运行，扫描番茄架，通过计算机视觉处理分析每个西红柿的质量和成熟度（以百分比形式在后台显示）。多角度的传感器和摄像头确保 Virgil 机器人能够区分果实、叶子和藤蔓，并且设计动作路径。Virgil 机器人的机械臂模拟了一位成年人的手臂，包括肩、肘、手腕的几个关节和手的横截面。其末端是塑料材质的三指抓手，可以伸到番茄上，轻轻扣住番茄，以快速弹腕式的动作将番茄旋转，取下后，放入机器人的内置储存架，然后再对另一颗番茄重复这一流程。

2021 年，Root AI 公司正在尝试将其 Virgil 机器人从实验室推向实际应用。同时，Root AI 也在探索以同样的技术模仿人类手臂，扩展应用于其他水果和蔬菜品种。目前，Root AI 公司已经被大型室内农场开发商 AppHarvest 收购。

（五）禽畜养殖管理

相对于农作物，家畜和家禽的单体经济价值更高，一旦受到疾病影响，损失更大、影响更远。在养殖过程中，即便经验丰富的饲养员也无法做到对每一头动物的情况了如指掌。人工智能可以在多个方向上辅助养殖管理。

（1）识别和预防疾病：解决禽畜疾病传统的手段通常是大量使用

抗生素或依靠兽医观察诊断，而现代技术为农户提供了新的可能。人工智能可以持续监测一部分禽畜的活动量、吸入空气质量、食物或液体摄入量等关键参数，收集数据并且汇报偏差或异常情况，在疾病大规模暴发前识别或采取控制手段。这种方式较传统手段有两大优势：一是通过自动化的方式代替人工监测动物的健康状况，降低生产成本，使农户有能力管理更大规模的动物群体；二是可以在疾病发生前，告知农户采取预防性措施（表3-2）。

表 3-2　一些禽畜疾病的监测算法和征兆指标

疾病	征兆指标	算法
乳腺炎	体细胞计数等	BoW 算法与 GBT 算法
跛足	腿部和颈部运动	CART 算法与 XGBoost 算法
产后疾病	牛奶产量和乳糖、蛋白质含量	随机森林算法
球虫病	挥发性有机化合物	主成分分析
非洲猪瘟	活动轨迹	光流算法

（2）评价饲喂效率和生长状态：饲料成本是禽畜养殖的主要开支，人工智能可以辅助分析饲喂效率。禽畜在不同环境下的饲料摄入量可能波动较大，活动量、产犊情况、环境温度、饲料成分等多种因素都可能影响采食量，为了最优化地设计禽畜营养，人工智能还可以辅助测量禽畜采食量，跟踪禽畜重量，通过TDIDT、ENET等算法评估饲料摄入量与禽畜增重量的关系，帮助农户有根据地确定和优化饲料费用。

人工智能还可以帮助农户准确地估计禽畜的生产性能。如可以根据胎次、产奶量和体况评分（BCS）评估奶牛在哺乳期间的能量消耗。还可以使用现有的奶牛场数据来估计奶牛的代谢状态、产奶量、繁殖性、产犊时间、育种值等指标。

（3）使用面部识别追踪和定位：对于大型禽畜饲养而言，往往需要通过射频识别标签确定禽畜的身份信息，从而在放养（如饲养牛、羊等）和身份验证（如饲养猪等）中实现追踪和定位。然而在大型禽畜的耳朵上加挂射频识别标签耗时费力，对禽畜而言也是一个痛苦的过程。另外，射频识别标签和读写设备售价昂贵，通常只能用在部分禽畜上进行重点监控，且在养殖实践中还很容易受到外力破坏。因此，VGG-face模型、卷积神经网络等面部识别工具已经开始逐步替代低效的射频识别标签，帮助农户大规模地监控禽畜群体，降低管理成本并提高管理效率。以卷积神经网络为例，这一技术已经实现在真实农场环境中，以**96.7%**的准确率识别每头猪的面部[1]。

面部识别也可以用于识别禽畜的行为模式，从而扩展应用于禽畜情绪和生长状态的跟踪。例如，基于绵羊疼痛面部表情量表（SPFES）的人工智能技术能够可靠地测量绵羊的疼痛与不适，帮助农户提高绵羊的健康和福利水平。

（六）基因工程育种

自2003年人类基因组计划（HGP）完成以来，基因组学革命彻底

---

[1] Hansen M F，Smith M L，Smith L N，et al. Towards on-farm pig face recognition using convolutional neural networks［J］. Computers in Industry，2018，98：145-152.

改变了作物基因型和表型的测量方法，基因工程已经成为现代作物育种的核心。随着许多作物的全基因组得以确定，通过调整遗传和环境因素实现增加作物产量等育种目标已成为可能。但由于基因育种通常是一个高度复杂和非线性的过程，常常要从上千种基因型中测定出受一部分基因定性或定量影响的主要性状，新的基因组测序和表型组学技术也产生了海量的复杂数据集，需要研究人员分析、整合，这就对数据分析工具提出了更高的要求❶。

育种研究面临的核心挑战是建立潜在的基因型与多种作物表型的关系❷。基因型可能受环境影响发生突变，并反过来与环境共同改变作物在多个尺度上（如生化表型和宏观表型等）多个方向的性状，影响作物的生长发育、器官形成、产量形成以及对外部环境压力和病虫害的耐受性。一旦破解基因突变和环境变化对作物表型的关系，就能够理解作物发育生长过程中的根本逻辑，并基于特定环境中的基因型预测作物的产量和品质性状。通过机器学习等技术对大型育种数据集进行系统性分析，探索并建立这些关系，是现代分子育种科学的主要研究手段。

例如，一个小麦育种者往往要面对超过200个具有不同基因的品系，并从中判断哪些品系应当一起育种，从而优化作物的产量、抗病性、蛋白质含量等性状。育种者需要知道哪些基因赋予哪些性状，以

❶ Inner Workings：Crop researchers harness artificial intelligence to breed crops for the changing climate，Carolyn Beans，Proceedings of the National Academy of Sciences Nov 2020，117（44）：27066-27069.

❷ Dijk A，Kootstra G，Kruijer W，et al. Machine learning in plant science and plant breeding［J］. iScience，2020，24（1）：101890.

及这些品系通过何种顺序杂交可以实现最佳基因组合。在人工智能的帮助下，计算机可以辅助研究人员进行交叉变异分析，或者在作物早期生长阶段评估性状，显著提升研究效率[1]。

目前，育种科学家利用人工智能进行的基因育种研究集中在以下三个方面：

1．生化表型研究

高通量测序等技术使得DNA分子及其作用关系更容易被测度，能够产生海量数据集。在这一领域，人工智能主要用于在数据规模较大、作用机制尚不明确、测量结果缺乏解释等情况下，对数据进行分析处理。

2．宏观表型研究

传统的育种研究主要依靠人工收集宏观尺度的表型数据，这种方式效率较低，且收集的数据质量不高。而数字化的作物表型研究可以用传感器自动捕捉和推导表型，观测叶片面积、节间长度、根茎数量、果实大小、叶绿素含量、光合活性、植株高度等指标，提高研发效率[2]。

3．基因组预测

育种的一个重要目标是解释复杂性状，例如以可用基因组、表型和环境数据解释产量。因此，可以用人工智能技术定位数量性状基因

❶ Najafabadi M Y，Earl H J，Dan T，et al．Application of Machine Learning Algorithms in Plant Breeding：Predicting Yield From Hyperspectral Reflectance in Soybean ［J］．Frontiers in Plant Science，2020，11：2169．

❷ Parmley K A，Higgins R H，Ganapathysubramanian B，et al．Machine Learning Approach for Prescriptive Plant Breeding ［J］．Scientific Reports，2019，9（1）．

座（QTL）、评估性状受单个基因或所有基因组合的影响、预测新基因型的特征值。

SeedGerm 育种平台案例

　　SeedGerm 育种平台由南京农业大学、英国约翰英纳斯中心和先正达种业集团于 2020 年共同开发完成，主要用于对种子发芽情况进行高通量的表型监测，从而帮助种子公司开发能够在短时间内有效且均匀发芽的种子，提高农户的播种效率。

　　SeedGerm 平台拥有一个大型柜体，配备了相机，可以在种子发芽的全过程中自动拍照，记录从种子吸水到根部形成层产生等每一个变化阶段。时序监测图像将进行表型分析和监督式机器学习，针对不同作物类型进行高通量性状分析。该平台将经济、高效的定制硬件与图形用户界面相结合，并使用三种不同的机器学习方法，在生长室中自动对商业种子进行表型鉴定。在一项实验中，SeedGerm 平台对 88 个油菜品种进行基因型 – 表型关联分析，评判相关性、动态发芽曲线、多个发芽率梯度等重要发芽性状，实验结果证实平台与专家对胚根的评分基本一致，并且协助研究人员成功定位到一个与脱落酸信号转导相关的基因[1]。目前，该平台及相关测试数据可通过 *New Phytologist* 期刊开放获取。

---

[1] SeedGerm: a cost-effective phenotyping platform for automated seed imaging and machine-learning based phenotypic analysis of crop seed germination [J]. New Phytologist，2020.

四、存在的问题及挑战

人工智能农业对农业的规模化、数字化、标准化水平提出了较高要求。要发展人工智能农业或智慧农业，其基础是智能设备和技术的普及应用，而这又要求农业生产主体达到一定的经营规模，或者在较为完善的组织和管理体系下运转。粗放的、分散的、小规模的农业经营格局对人工智能的发展构成阻碍。

当前，我国农业生产正处在快速城镇化背景下的规模化生产新阶段，一批种植大户、专业粮食种植者和大型产业化龙头企业应运而生，新的农业生产经营业态和技术迎来发展机遇。但在当前阶段，我国发展人工智能农业仍然面临以下挑战。

1．依赖系统性规划布局

人工智能农业与基础设施建设类似，投入门槛高且外部性强。发展人工智能农业需要基础建设和资金筹集的有效衔接，推动新技术应用与跨学科融合，形成规模化体系。在传统农业向信息化、智慧化转型的过程中，尤其是农业生产要素管理、智慧物流等领域需要整体战略规划来理顺运行机制，建设资金需求较大，且需要协调多区域、多部门资源来构建信息渠道。这对政府的主导和协调能力，以及相关经济主体的参与意愿提出了较高要求。

2．依赖深层次数据整合

大数据是人工智能农业的基础，离开了大数据，人工智能农业就成了无源之水、无本之木。无论是探究影响农作物病虫害的因素，还是掌握农作物价格的波动，都需要数据的支撑。采集的数据越多、越完整，智能预测模型的准确率就越高。而一旦农业数据采集覆盖面不足，缺乏准确性与权威性，或者数据标准化程度低，所建立的智能模型、预警模型、管理系统的实用价值都将大打折扣。

3．缺乏高素质应用主体

虽然人工智能农业已向着智能化、自动化发展，但其发展和实践仍然需要能够采用现代化的生产管理方式、操作现代化生产设备的参与主体。因此，人工智能农业建设不仅需要物质投资，也需要智力投资，且并不能迅速地收回成本、获得收益，这削弱了农户参与人工智能农业的积极性。部分农户对信息化了解较少，应用信息技术能力不强，这影响了农业信息化发展。而若对参与主体开展相关技术培训，仍将进一步推高人工智能农业的前期投入，降低从业者的参与意愿。

4．缺乏创新型商业模式

目前，有相当多的人工智能农业技术还处于研究和探索阶段，仅在实验室或特定农地环境下试点，尚未在农业领域广泛应用，主要依靠公共财政支持得以持续。同时，对于人工智能农业技术如何形成实际生产力，转化为可操作的商业模式，也缺乏成熟的、长效的市场化机制。因此，需要创新性地发展适合人工智能农业的商业模式，这样才能够真正促使技术落地、转化、赢利，实现可持续的良性发展。

五、领域未来发展趋势

1．农业自动化

利用无人机、拖拉机、喷灌设备、采收机器人等实现作物种植和禽畜牧养等农业生产环节的高度自动化，使用机器替代农业劳动力从事农业工作，减少人工干预，并且以更加高效、更高数量和更高品质的方式供应农产品，满足日益增长的食品需求。

2．农业物联网

通过各类遥感设备和植入田地或农场的传感器，如自动驾驶的农业机械、可穿戴设备、微型摄像机、农业机器人、生产管理系统等实现全部农业数据的收集和设备的交互，如利用空中或地面无人机完成生长状态评估、灌溉、喷洒农药和田间分析，利用智能围栏和无线设备监控禽畜健康状况，利用综合的物联网设备搭建允许农户完全控制作物生长环境的农用温室等。

3．农业地理信息系统

通过卫星、无人机、GPS等获取全球农业地理信息，分析降水量、海拔、地形、坡向、风向等复杂空间数据，实现环境变化的预测（如生长季节的改变、地形地貌的改变）和应对环境变化的农业生产智能规划。

人工智能在工业领域的应用进展

　　近年来，人工智能的广泛应用为工业领域带来了新的生机，促使工业领域从传统的机械生产制造向智能制造逐步转型，"工业4.0"时代工业的智能化水平显著提升，商业模式更是发生了前所未有的变革。2020年我国工业增加值达到4.54万亿美元，位居世界第一。目前，我国工业领域正处于由数字化、网络化向工业智能化演进的重要阶段，相较于以往的系统集成方案，借助人工智能、大数据等新技术实现精密硬件与智能软件结合，深入探索自主智能决策才是未来工业的发展方向。

　　在工业领域，机器学习驱动的高级分析、自然语言处理、计算机视觉技术等是普及较早的人工智能应用[1]。机器学习作为人工智能的重要分支，其以机器学习算法为训练工具，从海量数据中挖掘有价值的信息，通过建立预测模型和优化模型为决策者提供预测信息或提供决策支持。机器学习的起源可追溯至17世纪，发展至今已经成为一门融合多学科、多种学习方法的人工智能学科，其理论和方法广泛应用于解决工程应用和科学研究中。计算机视觉是采用机器代替人眼来做测

---

❶ 刘冬平. 人工智能在工业领域的应用 [J]. 新经济，2021（05）：18-21.

量与判断，通过计算机摄取图像来模拟人的视觉功能。计算机视觉系统能够通过各种运算来提取目标图像的特征，进而根据判别结果来控制现场设备的动作。自然语言处理是一门将语言学、计算机科学、数学融为一体的科学，致力于研制能有效实现自然语言通信的计算机系统，主要应用于语音识别、光学字符识别（OCR）、观点提取、舆情监测等领域。自然语言处理的发展可分为早期自然语言处理、统计自然语言处理和神经网络自然语言处理三个阶段：早期自然语言处理是基于规则建立词汇、语义、聊天；统计自然语言处理是基于统计的机器学习，通过训练带标记的数据建立机器学习模型，实现机器翻译；神经网络自然语言处理是基于深度学习算法进行特征计算，在原有的统计学习框架下提升学习效果。

一、政策分析

国际政策方面，为了加快人工智能在工业领域的发展及应用，世界各国都竞相采取更为积极的产业政策，例如美国的"再工业化"计划、德国的"工业4.0"计划、日本的"新机器人战略"计划（见表4-1）等。

国内政策方面，中央先后出台了《关于深化"互联网+先进制造业"发展工业互联网的指导意见》《智能制造发展规划（2016—2020年）》等一系列重大战略文件，为智能制造发展提供了有力的制度供给。地方政府层面，江苏、广东、福建、安徽等省份结合自身发展情

表 4-1　世界各国关于工业智能化战略的政策汇总

政策名称	提出国家	提出时间	政策目标
"再工业化"	美国	2009 年	发展先进工业，实现工业的智能化，保持美国工业价值链上的高端位置和全球控制者地位
"工业 4.0"	德国	2013 年	由分布式、组合式的工业制造单元模块，通过组件多组合、智能化的工业制造系统，应对以制造为主导的第四次工业革命
"新机器人战略"	日本	2015 年	通过科技和服务创造新价值，以"智能制造系统"作为该计划核心理念，促进日本经济的持续增长，应对全球大竞争时代
"高价值制造"	英国	2008 年	应用智能化技术和专业知识，以创造力带来持续增长和高经济价值潜力的产品、生产过程和相关服务，达到重振英国工业的目标
"新增长动力规划及发展战略"	韩国	2009 年	确定三大领域 17 个产业为发展重点推进数字化工业设计和工业数字化协作建设，加强对智能制造基础开发的支持
"印度制造"	印度	2014 年	以基础设施建设、工业和智慧城市为经济改革战略的三根支柱，通过智能制造技术的广泛应用将印度打造成新的"全球制造中心"
"新工业法国"	法国	2013 年	通过创新重塑工业实力

况，分别出台了智能制造发展行动方案[1]。

2015年5月8日，国务院印发《智能制造2025》，推出中国实施制造强国建设的第一个十年行动纲领。《智能制造2025》中提到当前全球工

---

[1] 曾广峰. 我国智能制造行业发展现状及趋势［J］. 质量与认证，2020（11）：46-47.

业格局正在发生重大调整，新的生产方式、产业形态、商业模式等正在塑造新的经济增长点，我国工业的发展面临发达国家及其他发展中国家的"双向挤压"。为实现制造强国的稳步转变，《智能制造2025》制定三步走的战略目标，提出用十年时间，到2025年迈入制造强国行列，大幅提升工业整体素质；到2035年，制造业整体达到世界制造强国阵营中等水平；新中国成立一百年时，制造业综合实力进入世界制造强国前列。

2017年7月20日，为抢抓人工智能发展的重大战略机遇，加快建设创新型国家和世界科技强国，国务院发布《新一代人工智能发展规划》，提出了三步走的战略目标：第一步，到2020年人工智能总体技术和应用与世界先进水平同步，人工智能产业成为新的重要经济增长点，人工智能应用成为改善民生的新途径，有力支撑进入创新型国家行列和实现全面建成小康社会的奋斗目标。第二步，到2025年人工智能基础理论实现重大突破，部分技术与应用达到世界领先水平，人工智能成为带动我国产业升级和经济转型的主要动力，智能社会建设取得积极进展。第三步，到2030年人工智能理论、技术与应用总体达到世界领先水平，成为世界主要人工智能创新中心，智能经济、智能社会取得明显成效，为跻身创新型国家前列和经济强国奠定重要基础。

2021年4月14日，为加快推动智能制造发展，工业和信息化部（简称"工信部"）会同有关部门起草了《"十四五"智能制造发展规划》（征求意见稿）。2021年12月28日，工信部等八部门联合印发《"十四五"智能制造发展规划》，提出到2025年，规模以上工业企业基本普及数字化，重点行业骨干企业初步实现智能转型。到2035年，规模以上工业企业全面普及数字化，骨干企业基本实现智能转型。

二、技术应用现状

随着物联网、云计算、人工智能等新一代信息技术的发展，人工智能已经渗透工业领域的设计端、生产端、运维端、检测端和物流端全生命周期各个环节（图4-1），帮助企业在设计生产方案时快速找到适合的生产方案，在对机械设备的故障诊断中找到最经济的设备维护方案，在维修服务方面得到很好的智能化辅助，在检测环节合理高效地设计检测方案❶，在物流环节提升效率。运用人工智能技术通过自主深度感知、自主优化决策和自主精准执行提升工业生产各个环节的效

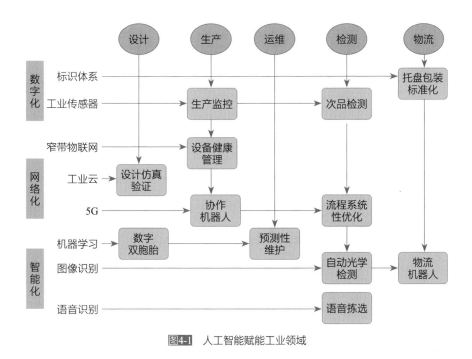

图4-1 人工智能赋能工业领域

---

❶ 贾瑞锋. 人工智能在工业领域的应用探究［J］. 中国新通信，2020，22（10）：2.

率，成为促进工业技术变革、降本增效的重要手段和必经之路。

（一）人工智能在工业设计阶段的应用

作为工业领域的重要一环，工业产品设计及研发具有高度不确定性和复杂性，是工业领域时间、资源、人力、经费投入最多的环节，已成为制约工业发展降本增效的关键过程。

传统工业设计借助计算机辅助设计技术已完成一轮技术革新与发展，如借助计算机辅助设计（CAD）、3DMax软件实现设计中的3D建模；产品测试环节借助3D打印技术、虚拟现实技术（VR）、增强现实技术（AR）等降低生产成本[1]。未来数据挖掘、人工智能技术与产品建模、模型测试、模型优化的结合，将成为工业设计发展的重要驱动力。

仿真技术是应用仿真硬件和仿真软件通过仿真实验，借助某些数值计算和问题求解，反映系统行为或过程的模型技术。经过几十年的发展，数字化仿真技术已涌现一批大型商业化计算机辅助工程（CAE）软件，可实现非线性分析、多物理场耦合分析[2]。随着图像处理技术的发展，仿真技术与图像技术在后置处理上也实现了结合，仿真设计的功能得到了拓展[3]。仿真设计还与数据挖掘技术、人工智能技术相结合，实现知识融合、试验融合与优化融合。目前仿真设计已应用至产品生命周期管理中，逐渐向仿真驱动一体化设计方向发展[4]。

❶ 陈磊. 计算机技术在工业设计中的应用研究［J］. 信息记录材料，2020，21（10）：42-43.

❷ 杨鼎宁. 计算机辅助工程（CAE）及其发展. 力学与实践，2005（3）：35-37.

❸ 张树桐. 浅谈计算机辅助工程（CAE）的发展及应用. 科技传播，2010（16）：232-233.

❹ 郑党党. 企业级仿真数据管理技术研究与应用. 航空科学与技术，2015（7）：79-81.

人工智能与工业设计数字化模型相结合的设计仿真技术（"数字孪生模型+人工智能"）通过数字化建立产品设计至生产各阶段模型，一方面通过温度、压力、电磁等不同环境的参数模拟，实现对数字化模型的实验和测试，简化物理原型设计或取代大部分物理原型，减少实验成本与研发周期；另一方面，多组数字化模型测试过程中积累的数据反馈为人工智能在仿真模型的调整、仿真方法优化、验证手段参数的优化方面提供数据支持，可反复验证数字化模型，不断优化产品设计，提高产品质量与品质。

"数字孪生模型+人工智能"的设计仿真技术已在飞机、机械、冶金、医疗等领域得到了广泛应用。

案例 4-1

波音公司客机数字化研发

在飞机及航天设备研发阶段，早期模型验证中采用数字孪生模型模拟设备在使用过程中的气动环境、热环境、电磁环境等环境参数，取代部分物理原型试验，进行设备动态特征分析、气动分析、热分析、强度分析、电磁分析等，缩短研发周期，降低研发成本。波音公司在 787 客机研发过程中采用数字孪生模型进行飞机起飞条件测试，通过模拟空气的气动条件和发动机的喷气性能，引用人工智能调整风洞试验环境，减少了物理原型试验成本与风洞试验的能耗，节约研发成本约 50%。

案例 4-2

劳斯莱斯数字孪生风扇叶片

劳斯莱斯制造超级喷气发动机时使用数字孪生风扇叶片模拟物理对象在各种场景下的性能,验证产品的功能、安全性和质量,以避免多个原型的重复开发❶。"数字孪生模型＋人工智能"的应用,缩短了约 20% 的研发周期,节约了约 27% 研发成本。

案例 4-3

蔚来汽车全球研发平台

蔚来汽车在产品设计阶段引入达索系统 3DEXPERIENCE 数字化全球研发平台,为全球汽车设计师提供了一个智能互联、协作开发平台,不同地区的设计师可通过该平台快速访问设计数据、调取车辆模型、更新模型参数,实现基于大数据平台的信息交流与融合,减少了设计师的差旅成本与时间成本,简化了开发流程;另外,在产品迭代设计过程中,研发人员借助人工智能实现汽车模型仿真与协作,大大减少了汽车研发成本,缩短了研发周期,为蔚来汽车推出新产品节约了宝贵的时间。

---

❶ 陈昊,彭虎. AI+制造业:智能制造降本提效 [J]. 中国工业和信息化,2021(09):36-42.

（二）人工智能在工业生产阶段的应用

传统的工业生产往往忽视对生产过程中产生的海量数据的应用和挖掘，主要是通过人为筛选信息反馈和发现生产过程中的故障和问题。随着人工智能的发展，大数据分析、数据挖掘、机器视觉等技术的应用将为工业生产环节带来新的生产动力，提升企业生产效率。

大数据时代下的信息处理技术将生产数据与工业平台相连，采用分布式架构进行数据挖掘，快速有效地提炼生产信息，为改进生产流程、物料检测、设备维修、生产预测等环节的决策提供重要支撑。

当前工业生产的复杂度及精细度不断加深，对加工精度、生产进度要求越来越高，传统的生产工艺难以满足生产精度的要求。机器视觉通过模拟人的视觉，将被摄取目标转换成图像信号，通过图像处理系统实现智能判断决策和机械控制执行。在一些不适于人工作业的危险工作环境或者人工视觉难以满足要求的场合，或在大批量重复性工业生产过程中，运用机器视觉系统替代人工视觉，通过视觉检测、视觉分拣、视觉定位等人工智能应用，可以提高生产的灵活性和自动化程度，来改造工业自动化生产线，以改进生产过程。

案例 4-4　智能生产线重构 / 优化方案

工业生产智能化的不断提升对生产线提出了更高的要求，要求其满足大量生产、灵活加工、个性化定制等需求，且根据生产需求随时对生产线进行调整优化，而生产线重构和优化是一项耗时长、消耗经费多的复杂环节。人工智能为生产线重构/优化提供了一套智能化解决方案：借助车间生产线设备间的传感器及物联网采集生产数据，利用机器学习及数据挖掘算法建立生产信息模型，连接生产需求、生产线状态、生产线结构，实现优化生产流程、合理制订生产计划。基于海量生产数据，智能化分析模型可优化生产工艺、提升产品品质，确定最佳的生产线结构重构/优化方案，缩短生产周期，提升企业竞争力❶。

案例 4-5 工业机器人

随着企业对车间自动化装置的需求不断提升，工业机器人应运而生，可满足各种需求，如焊接、码垛、搬运、打磨、抛光、上下料、喷涂等工业机器人，在金属加工、化工、3C电子❷等领域得到了广泛应用。上下料机器人（机械手）与数控机床相结合，可以实现工件的自动抓取、上料、下料、装卡、加工等所有的工艺过程，能够

---

❶ 孙晓彬. 人工智能技术在工业生产中的应用探究 [J]. 现代商贸工业，2019，40（23）：200.

❷ 3C电子即计算机（Computer）、通信（Communication）和消费电子（Consumer Electronic）的英文首字母简称。

极大地节约人工成本，提高生产效率。上下料机器人与机器视觉技术相结合，可实现原材料投入、生产加工、传输、装配整个环节的物料监控、环境监测、准确定位，实现对加工位置、加工尺寸的精确检测，实现产品闭环管理控制。相较于传统人工流水工作，工业机器人的应用减少了人力投入，缩短了生产周期，提高了生产速度和精度，成为企业降本增效的重要手段。

案例 4-6 人机协作机器人

作为机器人领域最热门的研究方向之一，人机协作机器人可实现人与机器人在同一生产线上协同工作，把人的智能和机器人高效的灵活生产方式相结合。基于内置传感器、机器视觉，协作机器人可感知工作环境、与人的安全距离，可实现快速配置、牵引示教、视觉引导、碰撞检测等功能[1]。通过声学传感器和人工智能系统，协作机器人还可实现语音控制等高级功能。协作机器人的应用极大地提升了工厂生产的智能化水平，实现人与机器人协调、快捷、灵活的合作方式，极大降低工厂人工及生产线投入。协作机器人通常采用模块安装，应用便捷、简单，装配速度快，维修方便。

---

[1] 刘洋，孙恺. 协作机器人的研究现状与技术发展分析 [J]. 北方工业大学学报，2017，29（02）：76-85.

福特汽车公司在汽车生产中采用协作机器人辅助安装汽车减震器，不仅减少了人工投入，还提高了减震器安装定位精度、安装准确性和安装效率；通用公司亨德森维尔的通用电气照明公司（GE Lighting）的工厂中应用协作机器人，帮助工人完成组装工作；斯蒂尔凯斯公司（Steelcase）在密歇根州大溪城的工厂引用协作机器人辅助工人完成焊接工作。除此之外,协作机器人在医疗、物流、物料处理、包装等领域也有应用。

（三）人工智能在工业运维阶段的应用

　　工业设备的智能化和复杂化，对设备故障识别和诊断提出了高效率、高质量的新要求，传统人工巡检或停产检查设备故障难以满足现代化工业的需求，应用智能故障预测、预测性维护系统等技术，可实现工业运维阶段的设备在线监测、设备故障识别/诊断、故障预警与智能处理。

　　生产设备由于养护不到位、零件老化、工业流程错误等出现故障往往会导致生产不持续，严重时还会引起长时间停工停产，这是企业生产成本控制的关键环节。随着人工智能在工业领域的应用逐渐深入，设备健康状态在线监测及故障预测技术的出现成为解决这一问题的关键手段：在设备和物料之间安装传感器，实现生产环节的环境、设备和物料的信息在线监测；通过物联网传输，将以上信息录入数据分析系统；基于神经网络、机器学习、数据挖掘等算法建立设备状态检测模型，以设备剩余使用寿命、物料良率等为指标，预测设备故障发生概率、发生时间、剩余生命等，为生产者评估设备状态、提前提出维修检修决策、优化生产工艺等提供依据，使以前的事后维修转变为事前预测性维护，为企业节约维修成本，加快生产速度，提升生产效率。

一套完整的预测性维护系统包括传感器（硬件）、数据采集与传输系统、数据挖掘与处理系统、决策支持系统（软件）、设备故障管理系统[1]，其中数据挖掘与决策系统主要采用大数据处理及人工智能算法，通过与正常运营状态下的数据进行对比，达到故障识别与提前预测，重点在于设备健康状态感知、故障特征分析、故障发生周期等。

预测性维护技术已在民用飞机、民用航天器等领域得到了广泛应用，在机身故障识别、提高维修效率方面发挥了重要作用。在电梯智能运维（图4-2）、轨道交通智能运维（图4-3）、风电场智能运维等领域，运用故障识别预测技术与互联网技术形成智能运维平台，可避免设备故障和减少维护成本。预测性维护技术结合巡检机器人，可提前预知82%的偶然设备故障，实现设备故障早发现、早维修，减少维护人员投入及运维成本，提升企业生产效率。

图4-2 电梯门系统故障预测系统

❶ 杨家荣. 故障预测与健康管理技术在智能运维中的应用［J］. 装备机械，2021（03）: 7-12.

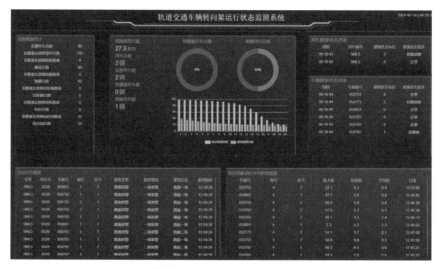

图4-3 轨道交通故障监测平台

案例 4-7 　煤炭生产风险预警系统

　　煤炭传送过程中经常出现运输带撕裂、断带、跑偏、启停故障、异物混入等异常状态，基于物联网、云计算、大数据、人工智能研发出的生产风险预警系统可实时监控煤炭运输状态，通过视频智能识别传输带异常状态，帮助煤矿生产人员在室内完成管辖范围内运输带的检查与监控，及时发现传送带异常情况，从而提升传送效率。山西省多家煤矿企业引入生产风险预警系统后，实时风险预警识别率高达98%，运维成本降低65%，有效地减少了事故发生率。

案例 4-8　异常碳排放预测系统

欧洲某石油和天然气公司引入机器学习模型，建立了可预测未来 3 ~ 5 小时内所有生产单元的能源消耗和碳排放的人工智能控制系统，对设备故障和排放异常的单元进行隔离、分析和修复，预测准确率超过 80%。

案例 4-9　风力发电机组智能监测系统

恶劣环境或操作失误导致风力发电机桨叶破损、倒塔、火灾等事故频发，增加了风电场运营压力及运营成本。通过在风力发电机组传动链内置传感器，在线监测轴承和齿轮箱的运行状态，再基于机器学习算法建立机组智能故障预测模型，可实现发电机机组的健康状态评估，对故障位置、故障类型、故障影响进行自动分析和精准预测，在事故发生前提醒运营管理者采取相应措施。风力发电机组智能监测系统可以有效降低事故发生率与不利影响，提高风力发电机组的运行效率和可靠性，减少风电场设备维修经费及运营成本（图 4-4）。

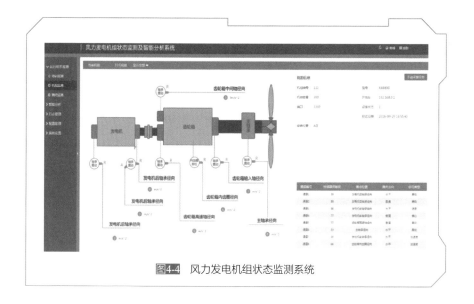

图4-4 风力发电机组状态监测系统

（四）人工智能在工业检测阶段的应用

工业领域的质量检测存在技术标准多、流程繁杂、检测手段多等问题，对人工检测的依赖度高，低精度的机器很难代替人工检测，但人工检查成本高、精度低、耗时长、检测效率低，很难满足当代现代化生产的需求。基于人工智能的质检系统，可根据生产材料、生产工业、生产设备、质检流程和质检标准制订智能化质检方案，提高质检速度。

所谓智能检测，是模仿人类智能，将计算机技术、信息技术和人工智能等相结合而发展的检测技术。智能检测涉及神经网络算法、遗传算法、模糊集合理论、多源信息融合技术等多种技术，包含测量、检验、信息处理、判断决策和故障诊断等多种内容，运用灵活性高的智能反馈和控制子系统实现多参数检测和数据融合，具有测量速度快、精度高、智能化功能强等特点。

智能检测技术主要依靠机器视觉识别、图像处理与机器学习等技术实现产品/设备检验指标的获取与分析。机器视觉使用光学器件进行非接触感知，自动地接受和处理一个真实场景的图像，以获得所需信息或应用于控制机器人运动的装置。从本质上看，机器视觉是利用光学系统、工业数字相机和图像处理工具来模拟人类的视觉和思维的技术，通过采用图像处理、模式识别、人工智能等技术，试图建立能够从图像或者多维数据中获取信息的系统。计算机视觉为机器视觉对图像进行处理和分析提供了算法基础，机器视觉是计算机视觉技术的工程化应用，即如何能够自动获取和分析特定的对象，以控制相应的行为。

传统的基于机器识别的产品检测方法在工业生产中往往需要特殊化定制，定制成本高且周期长，检测机器可重复利用效率低，参数标定较为复杂，很难大范围推广应用。人工智能借助图像处理技术可实现任意产品参数的快速检测，利用产品数量训练的智能模型可对同一产品进行无差别检测，具有较好的可迁移性；通过增加训练样本数量可提高检验模型的精度与稳定性，保证质检的效率和准确度。利用基于人工智能的质检系统代替人工质检，可降低企业人力成本，提高质检水平与效率。目前，面向工业生产的一体化智能质检平台，不仅可实现检测环节模块化，操作性强；还可根据生产实际需求进行质检模型更新与优化，提高质检的灵活性和实效性。

人工智能在汽车装备、建筑、纺织服装、仓储物流等领域的检测端得到了广泛应用。在汽车发动机组装过程中，智能检测手段可对活塞、汽缸垫片、挡位拨叉等是否漏装进行检测，保证设备出厂的完整性；在服装出产检测中，智能检测手段可完成瑕疵检测、尺寸测量、对称性检测，有效地检测出肉眼难以识别的瑕疵，大大提高服装的出厂质量；在磁性材料检测中，智能检测手段可对磁性材料的掉角、裂纹、麻坑、砂眼等缺陷进行自动检测，支持自动上下料和智能分拣合格与非合格产品，检测效率较人工检测提高四倍；在手机生产中，智能检测手段可对内部连接线端子、芯片、螺钉、电池等原件的装备质量进行检测，对不良产品实现自动化分拣，提高生产线的生产效率及良品率。

案例 4-10

精密零件缺陷检测

基于机器视觉的识别方法可提高精密零件关键尺寸、表面曲线、形状的识别精度，在航天航空、军事应用、机器人、工业自动化等领用应用广泛。

传统的基于机器视觉的识别方法可实现对精密零件的形状、颜色、大小、材料等的初步识别，但识别精度很难满足对精密零件的缺陷检测，尤其是裂缝和开口缺陷。逐渐兴起的图像处理、神经网络、边缘检测等人工智能算法为精密零件缺陷检测提供了一套更自动、更智能的无损检测方案，包括图像采集、预处理、图像分割、特征提取和分类等环节[1]。首先通过基于分割的人工神经网络、边缘检测、矢量终值滤波等技术对图像进行预处理，再选取纹理、缺陷率、颜色等特征，采用支持向量机、判别分析等分类方法实现对表面缺陷的识别，识别精度可达 85% 以上。

案例 4-11 电子元件自动 X 射线检测

自动 X 射线检测（AXI）主要应用于封塑后电子元件内部检测，对制品是否短路、是否存在不均匀气泡、是否因热胀冷缩而失效进行无损检测。相较于传统 X 射线检测效率低、检测时间长的缺点，AXI 可将设备与生产线连接，实现生产过程中的实时监测（图 4-5）。

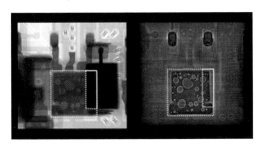

图4-5 自动X射线检测

---

[1] 万长龙，张晶，林樟骁，杨晓敏. 基于计算机视觉的精密零部件质量检测研究 [J]. 科技创新与应用，2021，11（26）：34-36.

智能巡检机器人

　　智能巡检机器人通过内置传感器可采集温度、湿度、气体、噪声等信息，运用基于人工智能算法建立的模块化识别系统模型，可实现对数据的深度挖掘和趋势分析，并做出决策。智能巡检机器人在园区车间安防巡检、电力设施巡检、城市综合管廊巡检、公路隧道巡检等领域可实现 24 小时无间断巡检，检测范围包含环境监测、消防通道检测、噪声检测等，可代替传统人工巡检，提升巡检效率和准确度，提高对突发事件的应急响应速度。

　　在电力设施巡检中，巡检机器人代替传统变电站人工例行巡检，通过对电力设备的外观和压力状态、噪声和湿度等环境参数、刀闸分合状态等信息进行采集和分析，可实现全天候、全自动巡检[1]；在综合管廊巡检中，智能巡检机器人通过照明、环境、烟雾浓度等环境参数进行监测，可实现可燃报警、视频安保、火灾报警等功能，极大地提高管道运营管理水平，降低事故发生概率[2]。

[1] 何令辉. 一种电力设施智能巡检机器人 [J]. 科学技术创新，2021（29）：169-171.

[2] 戚琛琛. 智能巡检机器人在智能管廊中的应用 [J]. 智慧中国，2021（09）：82-83.

案例 4-13 福耀集团玻璃面板视觉质检系统

福耀集团基于机器视觉的玻璃面板视觉检测系统是给玻璃生产线安装一条机器视觉系统，通过图像处理和识别算法实现对玻璃杂质、气泡、粉尘颗粒、表面划痕等进行质量检测。福耀集团在生产线前端安装高清摄像头，后端通过智能算法搭建玻璃质量在线检测系统，通过图像处理技术与智能识别算法不断识别合格产品和异常产品图像的差异，进行快速学习、训练，并完成人工智能算法的建模，实现了质量检测工序替代 80% 的人力，不良品检出率为 90% 以上。

（五）人工智能在工业物流阶段的应用

为了适应经济的快速发展，结合物联网、智能硬件的智慧物流系统应运而生，它通过智能化收集、集成采购、运输、仓储、包装、装卸搬运、流通加工、配送等各个物流环节的信息，进行及时、全面地分析，并进行自我调整，是一种以信息技术为支撑的现代综合物流管理系统[1]。在基于互联网的智慧物流系统的基础上结合人工智能，可使物流系统增加智能分析、智能决策和智能执行的能力，进一步提升物流系统的智能化和生产效率。

智慧物流系统借助移动通信、射频识别技术、传感器等跟踪产品

---

[1] 邰英英. 基于物联网技术的智慧物流发展研究 [J]. 投资与合作，2021（08）：76-77.

进入物流环节后从包装、运输、转运到配送整个流程的信息，可实现物流信息可追溯性；通过运输车辆的信息采集系统采集车辆运输轨迹、运输环境、运输状态等，对车辆最优路线、车辆调度等实行智能管控，减少空车率，优化物流路线，提升物流效率。

企业通过搭建基于人工智能的互联网物流平台，实现信息流和物流之间的高度、快速融合，可实现"人、车、物、线"的物联监控，使车辆安全运行、运输；还可以自动补货、优化产品流向，提高运输车辆的利用率，整合上下游供应链，整体降低物流成本[1]。

目前智慧物流的需求热点主要集中在物流数据、物流云和物流技术三部分，可总结为信息化、标准化、智能化三大趋势。目前，终端远程维护管理系统（Terminal Management System，TMS）、仓储管理系统（Warehouse Management System，WMS）、射频识别技术、智能快递柜、智能机器人等已经逐渐开始商用，而无人机、无人卡车送货，以及基于多种技术的人工智能物流目前尚处于研发或测试阶段，未来应用场景广泛。

案例 4-14

车货匹配、仓库管理

在工业互联网时代车货匹配信息平台可通过互联网技术提高信息检索能力和匹配效率，充分实现运输环节的信息互通，充分整合

---

❶ 孙俊杰. 新凤鸣："互联网+"模式下化纤智能工厂建设之路 [J]. 中国工业和信息化，2021（10）：68-73.

车源、货物，主要解决货物和车主之间的信息不对称问题，提升货车的满载率，提高物流公司的运营能力。

人工智能助力仓库管理系统更加智能，二维码技术可实现收发货、补货、上架等流程的全过程信息化，无线传输技术和实时通信技术可提高现代仓库的操作效率，形成货物智能分类、智能出库、全程可视化的智能仓库管理系统。

海尔集团旗下的大件物流品牌日日顺物流建立了以订单管理系统、仓库管理系统、配送管理系统、预约管理系统、资源协同平台、车辆轨迹平台、移动应用平台、服务质量平台为主要内容的八大信息化系统，支持业务全流程可视。

案例 4-15　无人车、智能快递柜

菜鸟集团、京东物流集团等物流企业应用自动化、无人化和智能化技术，基于人工智能算法规划运输工具的最优行进路线和驾驶模式，降低分拣、运输和配送环节的能耗。分拣环节，智能分拣系统可实现包裹精准化分拣，准确率最高可达 99.99%，分拣速度可达 18000 件 / 小时，有效地降低了漏拣、错拣率，提升分拣效率；运输环节，京东物流、顺丰等企业正致力于研发新能源无人火车和大型干线无人机；配送环节，丰巢、速递易等企业推出智能快递柜。

三、存在的问题及挑战

总体来看，人工智能在工业产业链的部分环节与流程中已经有了一定程度的应用，但我国工业信息化水平整体参差不齐，信息化的整体渗透率仍然处于较低水平。工业领域的产业链条相较于其他领域更为复杂，更强调赋能者对行业背景的理解，加之工业领域本身存在产品运维检修成本高、作业环境安全问题、研发及生产成本高等痛点，造成了工业领域的人工智能赋能相比其他领域门槛更高、难度更大。

此外，我国工业互联网的发展面临工业控制系统、高端工业软件、工业网络、工业信息安全等方面的"卡脖子"问题❶。我国的工业基础薄弱，工业大而不强，关键核心技术与高端装备对外依存度高，以企业为主体的工业创新体系不完善；产品档次不高，缺乏世界知名品牌；能源资源利用效率低，环境污染问题较为突出；产业结构不合理，高端装备工业和生产性服务业发展滞后；信息化水平不高，与工业融合深度不够；产业国际化程度不高，企业全球化经营能力不足❷。

具体到工业产业链的各项环节，人工智能虽然在工业设计、生产、运维、检测及物流等环节得到了广泛的应用，但目前仍处于摸索

---

❶ 中国新闻网. 专访中国工业互联网研究院院长："四大"战略谋划工业软件自主可控体系. [EB/OL]（2021-04-03）[2021-10-10]. https://baijiahao.baidu.com/s?id=16959451631 17955968&wfr=spider&for=pc.

❷ 国务院. 中国制造2025国发〔2015〕28号［Z］. 2015-05-19.

期，企业对人工智能理解不统一，发展方向不明确，对国家政治和标准体系认识不全面，人工智能还有待进一步推广和普及。随着工业化的快速发展，工业领域对人工智能辅助生产技术及应用深度的要求随之增加，相关人工智能技术还需一定时间才能发展与成熟。目前人工智能在某些工业领域的应用依然存在不足，具体表现为以下几点。

1. 人工智能应用发展不均衡

人工智能在工业领域应用发展不均衡主要体现在两方面，一是地域上不均衡，具体表现在环渤海、珠三角、长三角和中西部四大智慧城市群形成了产业聚集区，而其他地区应用发展水平较为落后。二是人工智能在工业领域不同行业的应用和发展水平不均衡，表现为在机械工业、汽车工业、化工工业、金属冶炼及工业、电子设备工业等行业应用范围广、与生产制造结合度高、制造水平智能化程度高、专业从业人数多等，但是在高端工业、工业机器人、芯片制造、电子制造、传感器等领域发展较为缓慢，基础人工智能应用研究不足、与相关领域智能化生产结合度低、资源和人员分配较少等，与国际先进水平还存在一定差距。

2. 智能在线监测系统有待进一步提升监测水平

在线监测系统广泛应用于工业领域的生产质量检测、设备故障监测等，其传感器品质、布置位置、传输信号质量和使用寿命决定了在线监测数据的代表性、真实性和连续性。快节奏的生产需要监测系统具有多级信息响应及处理能力。目前智能在线监测技术在传感器选择与优化布设、监测数据智能化分析、数据监测与智能决策等领域还有进一步提升的空间。

3．智能预测系统技术复杂

基于人工智能的预测系统成为设备故障预测与健康管理的重要手段。但由于工业设备的复杂性、设备故障信息的非线性和多维特点，目前基于大数据分析、数据挖掘、深度学习等预测算法仅能预测少数设备故障，尚不能完全对设备提供快速、精准、连续性预测；且大部分预测模型为静态模型，无法实现自适应调整，在多数据融合、故障精准识别、故障处理智能决策等方面还存在较大提升空间。

4．工业生产智能化有待进一步提升

机械、汽车、电子元器件等领域的智能生产已经初步实现了生产信息自动采集分析、设备运行参数智能调整及作业程序、加工指令自动下达，但是缺乏相应的制造管理系统，较难适应集约化、流程化、系统化的现代化生产车间，在自动化、可视化与可控化方面有待进一步提升[1]。

5．工业领域智慧物流仍处于初级阶段

近些年我国加大了对智慧物流的投资与基础设施建设力度，但其在工业领域的发展仍处于初级阶段，具体表现为：多数企业缺乏对智慧物流的特点和性质的深入了解，智慧物流中互联网应用成本高，缺少相关的技术人才、资源设备等，关键技术发展不完善等[2]。下一步应推广智慧物流的应用，提高工业物流环节的智能化和信息化水平。

---

❶ 谢志勇，朱娟芬. 新时代背景下机械智能制造现状与发展分析［J］. 内燃机与配件，2021（01）：178-179.

❷ 邰英英. 基于物联网技术的智慧物流发展研究［J］. 投资与合作，2021（08）：76-77.

四、领域未来发展趋势

人工智能在工业领域的应用始于工业自动化，这是单体智能在工业流程中的实践，一定程度上减少了人为控制中的人力资源浪费，提升了工业生产制造效率与精确度，但总体而言，人工智能在工业领域的应用仍处于"人机交互"的弱人工智能阶段。人工智能的进阶应用需要引入群体智能的概念，其设计的复杂度高，需要突破当前使用大量人工经验干预的现状，但我国在基础的理论研究、核心技术算法、关键设备、集成电路和产品输出领域的优秀研究成果比较匮乏，专项人才数量和技术不能满足领域的发展需求[1]。工业机器人作为工业智能领域的一大标志，是人工智能在工业领域落地的重点。工业机器人的技术发展趋势主要依赖于单体智能和群体智能技术的进一步应用，与多传感器融合技术相结合，实现对人类思维与神经的多功能仿生。

---

[1] 丁芷晴，张雪宁，陈华玲. 人工智能之下我国工业制造的应用与趋势［J］. 网络安全技术与应用，2021（03）：135-136.

第五章

人工智能在医疗领域的应用进展

近年来，随着医疗数字化的深入发展，神经网络和深度学习算法的突破和芯片计算能力的提高，我国在医疗人工智能领域持续出台政策，人工智能在医疗领域的应用已加速渗透，在虚拟助理、医学影像、辅助诊疗、药物研发、健康管理、医院管理、疾病预测等领域产生初步成效。人工智能与医疗的深度融合是医疗领域未来发展的重要发展方向，具有广阔的应用前景和现实意义。然而，尽管这些应用正在快速发展，但它们在真实医疗环境中的应用尚未普及，部分领域（如癌症管理、精准医学、计算制药、公共卫生、脑机接口等）仍需人工智能等相关技术继续优化与完善，并且在实际应用中面临数据、人才、政策监管、场景、伦理等诸多方面的挑战。

一、政策分析

美国、日本、欧洲国家均高度重视人工智能在医疗领域中的应用。美国《健康保险携带与责任法案》为人工智能在医疗领域的应用提供了法律支撑，美国食品药品监督管理局实施"数字健康创新行动计划",旨在重构数字健康产品监督体系,并单独成立人工智能与数字医疗审评部,加速人工智能医疗发展❶。日本厚生劳动省从2016年开始规划人工智能医疗的相关政策,包括医疗费用的修正、采用人工智能医疗的激励措施,并在2020年全面实施人工智能医疗制度❷。英国国家医疗服务系统(NHS)正计划在整个卫生服务部门大规模发展人工智能应用,用于日常诊断和治疗,并在《在英国发展人工智能》和《产业战略:人工智能领域行动》中强调了人工智能在医疗领域的三大发展方向——辅助诊断、早期预防控制流行病并追踪其发病率和图像诊断❸。

2016年以来,我国从中共中央、国务院到各部委,陆续出台了大量与人工智能医疗相关的政策,强调了人工智能对医疗的重要支撑作用,人工智能医疗迎来政策密集期。2016年6月,国务院出台《关于促进和规范健康医疗大数据应用发展的指导意见》,明确提出支持研发健康医疗相关的人工智能技术。同年10月,中共中央、国务院印发《"健康中国2030"规划纲要》,提出发展基于互联网的健康服务。2018年4月,国务院办公厅印发《关于促进"互联网+医疗健康"发展的意见》,鼓励研发基于人工智能的临床诊疗决策支持系统,开展

---

❶ FDA.Digital health innovation action plan [EB/OL]. https://www.fda.gov/media/106331/download.

❷ 菊池,信辉.経済主導の改革に躍らされていないか 社会保障の充実強化目指した政策転換必要(特集 厚生労働省に喝!--医療改革で求められる新たな役割)--(Part4提言集 厚労省、私ならこう考える)[J].Bamboo,2002.

❸ DepartmentforBusiness,Energy& Industrial Strategy,Industrial Strategy:Artificial Intelligence Sector Deal [EB/OL](2018-04-26)[2021-10-11]. https://www.gov.uk/government/publications/artificial-intelligence-sector-deal.

智能医学影像识别和多种医疗健康场景下的智能语音技术应用。同年1月，新版《医疗器械分类目录》正式生效，新增了与人工智能辅助诊断相对应的类别。2019年9月，国家发展和改革委员会（简称国家发改委）等21部委出台《促进健康产业高质量发展行动纲要（2019—2022年）》，提出加快人工智能技术在医学影像辅助判读、临床辅助诊断、多维医疗数据分析等方面的应用，推动符合条件的人工智能产品进入临床试验。2021年7月，国家药监局发布《人工智能医用软件产品分类界定指导原则》，明确人工智能医用软件产品的类别界定，指出用于辅助决策的人工智能医用软件应按照第三类医疗器械管理。截至2021年8月，共计19款医疗人工智能器械获得国家药品监督管理局医疗器械技术审评中心批准的医疗器械三类证，智慧医疗场景正逐步落地，从技术探索走向商业应用[1]。

二、技术应用现状

医疗人工智能的应用范围广泛，涉及临床诊断、公共卫生、医学影像、医院管理、药物研发、医学教育科研等各个领域，包含的产品类型更广。在美国，人工智能医疗产品审批时按照临床专科标准将医疗人工智能产品分成四类：医疗器械独立软件、移动医疗应用

---

[1] 动脉网. 蛋壳研究院. 2021医疗人工智能行业报告 [EB/OL]. (2021-10-10) [2021-10-11]. https://www.163.com/dy/article/GLVUUP7G05449FS9.html.

程序、临床决策支持软件和医疗器械数据系统。欧盟则根据技术标准进行分类，包括使用机器学习的产品、使用深度学习技术的产品、涉及自然语言处理与知识表达的产品、涉及机器人与物联网的产品。而国内医疗人工智能应用绝大多数是按照应用场景进行划分的。国家卫生健康委员会医院管理研究所牵头完成的《中国医疗人工智能发展报告》（2019）按照应用场景将医疗人工智能产品分为六类：医学影像类、辅助诊疗类、虚拟助理类、医药应用类、健康管理类、智慧医院类❶。上海交通大学与上海市卫生和健康发展中心联合发布的《中国人工智能医疗白皮书》（2019）按照应用场景介绍了人工智能的五大应用方向：医学影像、辅助诊断、药物研发、健康管理、疾病预测。中国信息通信研究院基于人工智能产业生态划分为公共卫生、医院管理、医学影像、医疗机器人、药物研发、健康管理、精准医疗和医疗支付八个板块。此外，张旭东（2020）基于诊疗流程将患者就诊前、就诊中、就诊后提供的智能化服务进行产品分类，就诊前包括虚拟健康助手、智能导诊、智能预约，就诊中包括智能辅助诊疗，就诊后包括智能康复管理、智能慢病管理❷。张学高、周恭伟（2018）根据人工智能在医疗领域的应用方向，将其划分为院前管理、院中诊疗、院后康复、临床科研、药物研发、行业管理（智慧医院管理、智能行业监管）、其他应用（分级诊疗、医学教育培训、健康养老）❸。

❶ 张旭东. 中国医疗人工智能发展报告（2019）[EB/OL].（2018-09-25）[2021-04-13] https://www.ssap.com.cn/c/2019-04-15/1076399.shtml.
❷ 张旭东. 中国医疗人工智能发展报告（2020）[M]. 北京：社会科学文献出版社，2020.
❸ 张学高，周恭伟. 人工智能+医疗健康：应用现状及未来发展概论 [M]. 北京：电子工业出版社，2019.

综上所述，目前关于医学人工智能应用的分类标准并不统一，具体类别的名称不同但是内容有相似性。总体来看，国内医疗人工智能应用多以应用场景进行划分，集中在虚拟助理、医学影像、辅助诊疗、药物研发、健康管理、医院管理、疾病预测、医学教育研究等领域（图5-1）。

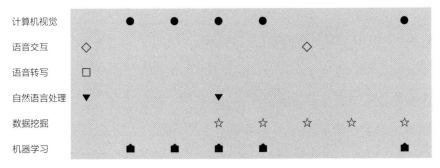

图5-1 人工智能在医疗领域的应用现状

（一）虚拟助理

医学领域中的虚拟助理属于一种特殊的虚拟助理，通过语音识别、自然语言处理和其他技术，将患者的病症描述与标准医疗指南进行比较，为患者提供医疗咨询、自我诊断和指导等服务。医学虚拟助理产品可以分为两类：

（1）语音电子病历、结构化电子病历。人工智能为医生书写病历提供了极大的便利。放射科、外科、口腔科等科室的医生往往难以空手书写病历，智能语音输入可根据患者的基本信息、病史、检查指标、检查结果等信息，结合医生的口头医嘱形成结构化的电子病历，帮助医生通过语音输入完成查阅资料、文献精准推送等工作，大大提高医生的工作效率。

案例 5-1

云知声语音电子病历

云知声语音电子病历系统（图5-2）是基于云知声人工智能和大数据技术，结合大量原始医疗语料数据，利用机器学习、深度学习技术进行大规模的挖掘和训练，形成医疗语音识别和语义理解模型，并进行产品化封装，形成语音录入电子病历整体解决方案。云知声语音电子病历能取代键盘、鼠标的输入，让医生通过口述的方式，轻松与台式电脑、平板电脑等设备进行会话。口述内容会被转录成文字并输入医院信息系统（Hospital Information System，HIS）、医学影像存档与通信系统（Picture Archiving and Communication Systems，PACS）、实验室信息管理系统（Laboratory Information Management

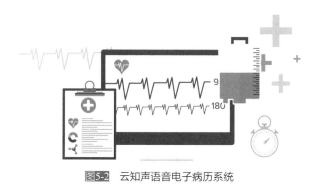

图5-2 云知声语音电子病历系统

System，LIS）、放射信息管理系统（Radiology information system，RIS）、临床信息系统（Clinical Information System，CIS）等系统中指定位置，也支持将口述操作转化为系统命令执行常规鼠标点击操作，更为方便快捷。目前云知声语言电子病历系统针对医疗专业词汇进行特殊优化，标准普通话识别准确率可达98%，实时展示转写结果，每分钟可转写400字以上，支持自动添加标点符号，已应用于北京协和医院、上海交通大学医学院附属瑞金医院等全国超过100家知名三甲医院和新冠肺炎定点收治医院。

（2）智能问诊、智能导诊。人工智能虚拟助理可以帮助用户完成健康咨询、科室预约等，通过语义识别系统与患者进行沟通，听懂患者对于症状的描述，再根据医疗信息数据库进行对比和深度学习，对患者提供诊疗建议，包括患者的健康隐患、应当在医院进行复诊的门诊科目等。在很多情况下，患者只是感到轻微不适，不需要到医院就诊，人工智能虚拟助理可以根据患者的描述定位患者的健康问题，并提供轻便的咨询服务和用药指导。

案例 5-2

科大讯飞智能导诊机器人"晓医"

"晓医"（图5-3）是科大讯飞基于人工智能技术开发的全球首台全程语音人工服务机器人。其主要功能：①智能导诊。"晓医"通过机器学习和训练，具有分诊的知识储备。当患者向其描述自己的病症时，"晓医"可为患者推荐合适的就诊科室。②院内位置导航。"晓医"通过对话，为患者提供导向该科室的位置路线和地图。患者可以根据"晓医"的地图引导找到自己的目的地。③常规问题咨询。"晓医"特别针对医院常规问题，如就医流程、坐诊专家等进行了机器学习与训练，可以根

图5-3 科大讯飞智能导诊机器人"晓医"

据与患者的人机交互，从已学知识库中智能分拣出有效信息，并准确反馈给患者，实现对患者常规问题的实时解答功能。

（二）医学影像

随着医学信息化的发展，医疗数据越来越丰富，其中医疗影像数据是非常重要的组成部分。90%以上的医疗数据都是影像数据，包括计算机断层扫描（CT）、X射线成像、磁共振成像（MRI）、正电子发射断层成像（PET）等。人工智能在医学影像领域的应用主要是通过深度学习模型对图像特征进行提取，进而完成影像分类、目标检测、图形分割、图像重建。在医学影像领域，使用的算法通常为卷积神经网络。卷积神经网络可在多种医疗影像上训练，可用于放射科、病理

科、皮肤科和眼科。

目前医学影像应用的领域主要有：肺结节筛查、糖尿病性视网膜病变筛查、食管癌筛查以及部分疾病的核医学检查和病理检查。

案例 5-3

联影智能 uAI 新冠肺炎智能辅助分析系统

联影智能已为全国100多家医院提供了uAI新冠肺炎智能辅助分析系统（图5-4），完成数万例新冠肺炎患者的筛查与辅助诊断。该系统还驰援海外，在东南亚、欧洲及非洲等地的多个国家和地区启动了试用。该系

图5-4 新冠肺炎智能辅助分析系统

统通过高敏感度检测与分类算法，提升病灶检出率，辅助筛查疑似病例；通过CT影像对肺炎、5个肺叶、18个肺段进行快速精准分割，自动标注病灶，对肺段及相关病灶进行量化评估及分析，快速生成结构化报告，助力医生制订针对性诊疗方案；并通过全自动匹配治疗前后影像检查的肺炎病灶，实现前后影像同步阅片，辅助医生评估病情进展与疗效。

（三）辅助诊疗

辅助诊疗是以人工智能决策引擎和医学知识库为核心，整合结构

化、半结构化或非结构化医学数据，采用基于自然语言处理、深度学习、神经网络算法、知识图谱等技术进行"学习"，自我完善知识库、规则库和决策引擎库模型，给医生提出诊断决策和治疗方案的建议。

人工智能在辅助诊疗中的应用场景主要有：一是医疗大数据辅助诊疗。其功能主要包括：①智能辅助诊疗。利用深度学习，可以快速高效提取主诉、现病史中提到的症状、疾病，以及与体格检查、检验结果推荐相关的疾病及其症状和体征，按照诊断结果由高到低推断发生潜在疾病的可能性。②治疗方案推荐。借助知识图谱，根据病人基本信息、主诉、现病史等病历信息推荐合理的检查检验、用药及手术治疗等方案，并提供对应的逻辑推断，还可以针对医生的诊疗方案进行分析、查缺补漏，减少甚至避免误诊。③相似病例检索。利用自然语言处理技术，自动分析和理解电子病历中的相关内容，生成结构化文本，快速检索海量病例库中的相似病例。二是医疗机器人。例如，外科手术机器人控制稳定、灵活、精细，手术创伤小，适合进行微创手术；护理康复机器人辅助患者起床、行走、站立，同时具有测量脉搏、电刺激、设定行走模式等功能。

案例 5-4

东软临床决策支持系统

东软临床决策支持系统（图 5-5）结合国际权威知识库，利用人工智能为临床工作站提供决策辅助。该系统将智能辅助诊断、智能鉴别诊断、智能推荐治疗方案等功能与临床工作站进行无缝连接，为医院提供自主维护药品规则的便捷方式，帮助医生提供更好的医疗服务，提升医疗质量和效率，同时帮助医院有效沉淀业务知识，形成知识资产的积累。

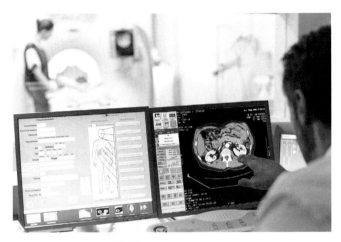

图5-5　临床决策支持系统

（四）药物研发

药物研发可分为新药发现、临床前研究、临床试验、新药上市四个主要阶段，每个阶段又存在多个细分场景。传统药物研发需要投入大量时间和金钱。一款新药从临床发现到获批上市平均历时10～15年，研发成本高达30亿美金，平均成功率却不到10%[1]。人工智能正在

---

[1] DiMasi，Joseph A，Henry G G，and Ronald W H."Briefing: cost of developing a new drug." Tufts Center for the Study of Drug Development（2014）.

重构新药研发的流程，将大幅提升药物制成的效率。人工智能主要应用于药物研发的以下六个环节。

（1）靶点发现：利用自然语言处理技术检索分析海量的文献、专利和临床试验报告非结构化数据库，找出潜在的、被忽视的通路、蛋白和机制等与疾病的相关性，从而提出新的可供测试的假说，以发现新机制和新靶点。

（2）先导化合物研究及化合物筛选：利用机器学习（或深度学习）技术学习海量化学知识及资料，建立高效的模型，快速过滤"低质量"化合物，富集潜在有效分子。

（3）化合物合成：利用机器学习（或深度学习）技术学习海量已知的化学反应，预测在之后任何单一步骤中可以使用的化学反应，解构所需分子，得到可用试剂。

（4）晶型预测：晶型变化会改变固体化合物的物理及化学性质（如溶解度、稳定性、熔点等），使药物在临床治疗、毒副作用、安全性方面产生差异。可利用认知计算实现高效动态配置药物晶型，预测小分子药物所有可能的晶型。

（5）临床试验设计：利用自然语言处理技术检索过去临床试验中的成功和失败经验，避免重复常见的遗漏、安全等问题。

（6）患者招募：据统计，90%的临床试验未能及时招募到足够数量和质量的患者。利用自然语言处理技术提取患者数据，为临床试验匹配相应患者。

案例 5-5

基于人工智能的蛋白药物开发系统 "ProteinGAN"

瑞典查尔姆斯理工大学等单位的研究人员开发出基于人工智能的生成式深度学习方法 "ProteinGAN"。研究人员使用生成式对抗网络来产生蛋白质变体，使其高度多样化并具有类似天然蛋白质的物理特性，通过为人工智能提供大量蛋白质数据，使其合成新的蛋白质并反复循环测试新蛋白质的有效性和稳定性。该方法可加快对蛋白质的改造，仅需几周就能完成从计算机设计到得到有功能活性的蛋白质的过程，且能大幅减低研发成本，有助于更快速、更经济地开发基于蛋白质的药物（例如抗体和疫苗）和工业酶（图 5-6）。

图5-6 人工智能助力药物研发

（五）健康管理

随着机器学习等人工智能技术与可穿戴技术的融合发展，人体各种生命健康信息的采集将打破空间和时间的限制，实现实时健康监测和评估，进而提供智能化的疾病预防指导等个性化干预手段，推动治未病、降费用、高质量和高效率等健康管理目标。健康管理的具体应用包括个人健康信息监测与管理、慢性病健康管理、精神健康管理、营养健康管理。

（1）个人健康数据监测与管理。利用深度学习、贝叶斯网络等技术对基因数据、代谢数据和表型数据进行分析，为个人提供饮、食、起、居等各方面的健康生活建议，帮助用户规避患病风险。

（2）慢性病健康管理。利用数据挖掘技术、人工智能技术分析个人健康数据，建立用户健康画像，为不同人群提供不同的健康解决方案，可以以更低成本但更为有效的方式进行群体的慢性病管理。

（3）精神健康管理。运用人脸识别、语音识别和基于量表的数据挖掘技术对人的语言、表情、声音等信息进行挖掘，识别用户的情绪与精神状态，发现用户精神健康方面的异常状况。

（4）营养健康管理。利用人工智能进行食物识别，帮助用户实现个性化合理膳食。国内营养健康管理相关的人工智能公司的应用场景有两类：第一类是通过血糖监测，发现用户食用不同食物的餐后血糖变化，指导用户用餐；第二类是通过对菜品的图像识别，利用机器学习的方法实现菜品种类及分量的识别和分析。

案例 5-6

糖尿病管理 APP "糖护士"

北京糖护科技有限公司依托智能医疗设备采集血糖、胰岛素注射数据，数据自动上传至糖护士手机软件（APP）医生端，使用数据挖掘相关技术针对患者患病风险程度做出分析，并对与患者疾病相关的可控危险因素做出识别。糖护士 APP 的人机智能决策支持系统可以辅助医生制订个性化随访方案，优化治疗方案，也可以为患者提供个性化健康教育、实时生活方式干预、精准营养管理等，以达到降低糖尿病并发症、提高生活质量的目标（图 5-7）。

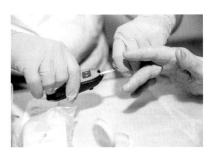

图5-7 人工智能助力慢性病健康管理

（六）医院管理

智能医院管理是人工智能在医院管理中的应用，它通过与医学文本自然语言处理、推理引擎、医学知识库等技术结合，实现电子病历管理、质量管理、精细化运营等，能够帮助医院优化运营流程、科学辅助管理决策、合理配置医疗资源，实现高效协同办公与医院精细化管理。

（1）电子病历管理。利用数字化手段保存、管理、传输和重现病人的医疗记录。

（2）质量管理。医疗设备与药品智能化闭环管理，手术等医疗过程质量管理。

（3）精细化运营。智能化病房管理、智能预约与分诊、（疾病）

诊断相关分组（Diagnosis Related Groups，DRGs）智能绩效管理系统、人力与财税等后台管理等。

案例 5-7 上海交通大学医学院附属瑞金医院智慧病房

上海交通大学医学院附属瑞金医院智慧病房（图 5-8）利用融合了物联网、云计算与大数据的新型信息技术，使医生、护士与病人能快速、准确地交互，同时提供完善的智慧化服务支持。它运用认知计算，使患者能够通过智能语音交互等技术方便地向护理人员寻求信息帮助或行动协助，对病房环境（如灯光、温度、音乐、电视等）进行自定义调节。

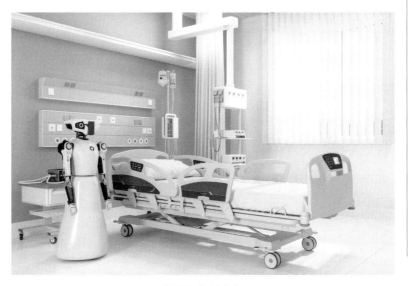

图5-8　智慧病房

（七）疾病预测

疾病预测是通过基因测序技术或运用生化、影像、日常行为的大数据来预测疾病发生情况。目前，人工智能可有条件的应用于心脏病患者死亡预测、骨关节炎发展预测、流行病风险预测等。

基因测序能够分析测定基因序列，可用于临床的遗传病诊断、产前筛查、罹患肿瘤预测与治疗等领域。单个人类基因组拥有30亿个碱基对、约23000个具有编码功能的基因，基因检测就是通过解码从海量数据中挖掘有效信息。隐藏疾病预测可以通过基因测序及检测提前预测疾病发生的风险。人工智能结合基因检测技术，能够做到测量细胞内的内容物后，与基因检测数据结合起来，从细胞系统整体上得出最终诊断结论。利用深度学习技术，研究人员只需将一个DNA序列输入系统进行查询，系统就会自动鉴别出突变，并告知这些突变将导致什么疾病以及致病原因[1]。

金域基因检测中心

金域检验利用其综合检验检测技术平台，以疾病为导向设立检测中心，融合生物技术与人工智能等新一代信息技术为广大患者提

---

[1] Anderson，Chris．Google's AI Tool DeepVariant Promises Significantly Fewer Genome Errors [J]．Clinical Omics，2018，5（1）：33-34.

供专业化的临床检验服务。金域检验的基因组检测中心拥有全基因组扫描、荧光原位杂交、细胞遗传学、传统聚合酶链式反应（PCR）信息平台，并利用基因测序领域中最具变革性的新技术——高通量测序技术为临床提供高通量、大规模、自动化及全方位的基因检测服务（图5-9）。

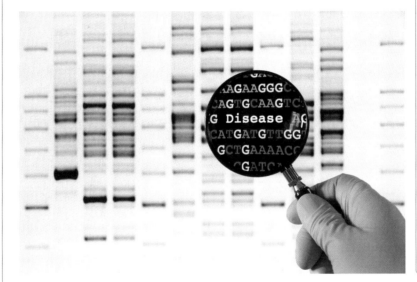

图5-9 基因检测服务

（八）医学教育科研

智能医学教育科研是人工智能在医学教、学、研体系中的应用，用于优化临床医学教育与科研管理体系。目前智能医学教育科研已经开展应用，开发了临床科研平台、人工智能虚拟病人等应用工具，能够简化科研流程、提升临床教学效果。

大数据临床科研平台基于Hadoop技术，以病种为导向，以患者为单位，按照时间轴线将分散在各个临床工作系统中的数据，通过自然语言处理等技术进行集成和整合，形成标准化、系统化和覆盖全流程的医学数据中心，并将丰富的临床数据资源转化为研究资源，实现医学研究数据的即时即用，提高科研效率，加快研究产出。智能临床技能教学科研中心是通过基于人工智能构建虚拟病人，基于真实电子病历的大数据挖掘和机器学习构建虚拟病例库，给学习者提供接近真实的环境，实现沉浸式病案诊疗学习。特别是人体解剖和外科手术等课程缺乏标本资源，虚拟现实在模拟器官解剖和虚拟外科手术方面具有传统教学难以比拟的优势。

案例 5-9

嘉和美康科研服务平台

嘉和美康科研服务平台融合临床研究方法学，利用大数据及人工智能整合并挖掘电子病历，检查检验医疗影像、基因序列等临床医疗数据，围绕临床研究重点环节，形成以患者为中心的完整时间序列数据资源库。与此同时，平台可以实现临床数据的深度解析与可视化展现，辅助医生挖掘科研构思、提出科研假设，快速完成问题验证并生成统计结果；还能为临床研究人员提供科研数据服务，降低科研成本，提升医疗机构服务质量和科研成果转化率（图 5-10）。

<u>图5-10</u>　人工智能辅助医学教学科研

三、存在的问题及挑战

随着图像识别、计算机视觉、深度学习等关键人工智能技术的发展，人工智能在医疗领域的应用范围逐步扩大，随之而来也面临来自数据、人才、政策监管、场景、伦理等多方面的问题与挑战[1]。

（1）数据。高质量的数据是人工智能医疗应用的"原材料"。但

---

[1] Yu K H，Beam A L．Kohane I S．Artificial intelligence in healthcare［J］．Nature Biomedical Engineering，2018，2（10）：719-731.

是由于医疗数据具有权属不明确、对个人数据隐私安全要求高、数据共享流通受限制、数据结构和存储标准不统一等问题，已成为制约人工智能在医疗领域深化应用的重要障碍。

（2）人才。根据工业和信息化部的调研数据（2018年），我国人工智能产业发展与人才需求比为1∶10，预计到2030年，我国人工智能人才数量缺口将达500万。相比其他行业，医疗行业具有更强的技术专业性和更为漫长、严格的人才培养体系，除了金字塔尖的前沿人工智能医疗理论研究人才缺乏外，我国智能终端技术应用型人才和科技转化型人才也存在大量缺口，人才短缺已成为最具挑战的问题之一。

（3）政策监管。由于医疗行业的特殊属性，其产品监管和风险控制十分严格，获得监管部门的审批认证是市场准入的必备条件。人工智能医疗器械审批依然面临标准数据库建立难、临床三期通过难、动态评价应对难等难题。

（4）场景。随着人工智能在医疗行业各垂直领域的应用不断深入，其所面对的临床应用场景愈发复杂多样，所要解决的问题也从针对特定场景和单点问题逐渐转变为针对通用场景和全业务流程，从基本的数据计算与挖掘向智能化综合决策能力深化发展，其技术壁垒更高，对临床业务场景的要求更高。这意味着单纯依靠算法和技术驱动已无法满足临床实际应用需求。

（5）伦理。尽管人工智能在医疗领域的潜在应用前景十分广阔，但人工智能存在不可解释的算法黑箱问题。缺乏可解释性，可能会危及患者的自主性和知情同意能力，造成伦理问题。算法偏差也可能造成违反善行和非渎职原则的问题。例如，一种旨在根据医疗费用对疾病等级进行分类的人工智能算法被发现对遗传病患者有偏见。利用历史数据进行学习的算法可能会使结构性不平等永久化，这违反了道德规范和法律规范。

四、领域未来发展趋势

人工智能与医疗的深度融合是医疗领域未来发展的重要方向。未来医疗领域将从目前的工具、技术驱动向以价值医疗为核心的解决方案演进。癌症管理、计算制药、精准医疗、公共卫生、脑机接口等是未来人工智能医疗技术重点发展的领域。

（一）人工智能癌症治疗

癌症是全球第二大死因，癌症的治疗在医学领域是难以突破的瓶颈。目前治疗癌症的主要方法是手术治疗、化疗和放疗，但都有较大的副作用。随着微型肿瘤有机芯片与人工智能的结合，癌症的精准治疗成为可能。微型肿瘤有机芯片整合微电子系统、精密传感器、计算机系统和深度学习技术，能够针对不同患者模拟不同类型的肿瘤进行药物测试，研究该药物治疗肿瘤的效果及带来的副作用[1]，医生根据测

---

[1] Sharpless N E，Kerlavage A R．The potential of AI in cancer care and research ［J］. Biochimica et Biophysica Acta（BBA）- Reviews on Cancer，2021，1876（1）：188573.

试结果为每位癌症患者选择个性化的治疗方案，这很可能突破目前癌症治疗方法的局限性。

（二）人工智能计算制药

人工智能计算制药以智能计算的底层软硬件为基础、大数据为"原材料"、人工智能技术为催化剂来促进范式变革，加速传统制药行业的转型和升级。传统药物研发过程昂贵而耗时，自然流失率极高。为了找到安全有效的药物，人们要进行各种实验来测试数千种化合物。人工智能计算制药将大数据挖掘与分析技术、机器学习算法、前沿人工智能技术、高性能计算技术等方法有机联合起来，通过现有的海量数据集更快更准确地建立模型，以做到精确度更高的实验模拟，最终达到加快整个药物研发流程、提高药物设计成功率、节省研发成本的目的。

（三）人工智能精准医疗

精准医疗是一种以患者基因组信息为基础，结合蛋白质组、代谢组等相关信息，精准找到疾病的原因和治疗的靶点，以期为患者量身制定出最佳治疗方案的定制医疗模式。在传统精准医疗中，基因组、蛋白质组等数据量庞大，人工实验和数据分析耗费大量的时间、人力、物力，而且检测准确率较低。未来，利用人工智能强大的计算能力，能实现海量数据的快速分析和挖掘，从而提供更快速、更精确的疾病预测和结果分析，实现患病风险预测、辅助诊断、靶向治疗方案制订、诊后复发及并发症预测等功能❶。

（四）人工智能公共卫生

当前我国公共卫生领域尚处于人工智能应用的初期阶段，在新冠肺炎疫情催化下，有加速趋势。基于对新冠肺炎疫情暴发及其发展过程的观察，可以发现，我国传染病防控面临以下痛点：我国人口规模庞大且流动复杂，在追踪和排查感染者及密接者时工作难度极大，疾病监测预警系统尚不完备等。未来，人工智能将赋能传染病防控，在传染病暴发预测、传播与溯源路径排查、发展趋势预测等方面发挥作用。利用网络爬虫技术、自然语言处理等人工智能技术，可持续收集并分析全球重大公共卫生事件的数据，从海量数据中提取关键信息进行智能化分析，对传染病暴发做出可能性预测。利用深度学习技术，可根据出行轨迹、社交信息、暴露接触史等大量数据进行建模，结合感染者时间线及其密接者空间地理位置确定可能存在交叉感染的时间点与具体传播路径，为传染病溯源分析提供可靠依据❷。

（五）人工智能脑机接口

脑机接口是脑科学和类脑智能的重要研究方向，已上升为国家科

---

❶ 叶德泳. 计算机辅助药物设计导论［M］. 北京：化学工业出版社，2004.

❷ N Schwalbe，Wahl B. Artificial intelligence and the future of global health［J］. The Lancet，2020，395（10236）：1579-1586.

技战略重点。脑机接口是实现人脑与机器之间的信息交互，是未来实现脑机智能融合的关键技术环节之一[1]。我国脑机接口技术在算法层面已与国际先进水平同步，但在核心电子器件、高端通用芯片及基础软件产品等诸多领域仍存在短板和"卡脖子"问题。医疗健康领域是脑机接口最初、最直接和最主要的应用领域，也是目前最接近商业化的应用领域。脑机接口在医疗健康领域的应用主要集中在监测、替代、改善/恢复、增强和补充五大功能。除此以外，基于神经刺激的脑机接口具有神经调控的功效，可用于帕金森病、癫痫、阿尔茨海默病等脑功能障碍疾病的治疗康复。

[1] Rashid M，Sulaiman N，Majeed A，et al. Current Status，Challenges，and Possible Solutions of EEG-Based Brain-Computer Interface：A Comprehensive Review [J]. Frontiers in Neurorobotics，2020，14.

第六章

人工智能在金融领域的应用进展

随着人工智能的普及和渗透，传统金融体系的基本要素如货币、支付、账户、存款和信用体系等将面临重构。人工智能在金融行业的应用具有先天优势。一方面，金融本身是信用中介和信息中介，行业数据积累规模大，跨平台、超大规模信息通信和整合技术比较成熟，是人工智能应用的最佳场景之一；另一方面，我国互联网较为发达，为人工智能在金融领域的融合应用打下坚实基础。

人工智能在金融领域的应用价值包括以下三方面。一是提升金融行业的数据处理能力与效率。尤其是在金融交易与风险管理等需要对复杂数据进行处理的领域，人工智能可有效提升决策分析水平。二是推动金融服务模式趋向主动化、个性化、智能化。人工智能的应用可以提高金融服务的个性化、智能化水平，提升客户体验。三是提升金融风险控制效能。人工智能可以对大量数据进行分析，对客户群体进行筛选和欺诈风险识别，从而降低信息不对称风险。此外还能对市场趋势进行预测和风险预警。

一、政策分析

人工智能已广泛渗透和应用到金融领域中，并推动着相关政策法规不断出台和完善。从政策类型上看，主要可以分为两种类别：一是如何促进人工智能与金融业的融合发展；二是加强监管，完善行业标准。

金融科技的发展使得传统金融迈向新的范式。近年来，我国针对如何有效推进金融业与人工智能融合的高质发展出台了一系列的政策。2017年5月，为加强对金融科技工作的研究规划和统筹协调，中国人民银行专门成立了金融科技委员会。2017年6月，中国人民银行印发《中国金融业信息技术发展"十三五"规划》，将人工智能、大数据、区块链、云计算等新一代信息技术确定为金融科技以后的关键研究方向。2019年8月，中国人民银行正式发布了《金融科技（FinTech）发展规划（2019—2021年）》，这是我国在金融科技方面首个全局规划。这一规划建立和完善了我国金融科技发展的"四梁八柱"，为金融科技的发展指明了方向和路径，对于金融科技的发展具有深刻的意义。2019年12月，中国银行保险监督管理委员会（简称银保监会）发布《关于推动银行业和保险业高质量发展的指导意见》，同年4月，中国证券业协会发布《中国证券业协会专业委员会2020年工作要点》，提出推进人工智能、大数据、区块链的应用研究，以促进科技在金融领域的实施。从总体趋势上来看，金融科技政策在全局水平和高度上已相对充分，在深度和微观层面上也在逐步完善。未来，在技术标准的制定和更具体的场景中，必然会产生新的指导意见，为技术合规和行业合理赋能绘制可行路径。

金融科技的"颠覆性创新"对于金融业的服务质量和效率的提升以及创新发展都起到了非常重要的作用，如何界定"人工智能+金融"的边界，实现法律与技术的优势互补，相关部门在政策监管上也下足了力度。近年来，金融业务与人工智能的联系越来越紧密，业务场景越来越复杂，边界逐渐淡化，给金融监管带来了新的挑战。个人对个人（P2P）网贷平台爆雷后，监管部门更加坚定了加强监管的大方向。2019年10月，中国银保监会北京监管局发布了《关于规范银行与金融科技公司合作类业务及互联网保险业务的通知》，确立了辖区内银行与金融科技公司合作类业务及互联网保险业务的范围，中国人民银行发布了《个人金融信息（数据）保护试行办法（初稿）》，强化个人财务信息数据保护。这两项监管政策从场景应用和基础数据采集的角度对违法违规经营行为进行严厉打击，使得打着金融科技旗号转卖信息的企业无处躲藏，为行业敲响了警钟。在金融科技监管力度在不断加大的同时，监管方式也在不断进行创新。2020年1月，中国人民银行发布了《金融科技创新监管试点应用公示（2020年第一批）》，以"监管沙盒"的形式在金融业务中实行弹性监管实验，降低操作风险和技术不确定性带来的隐患，以试错的形式寻求金融监管下更优的科学技术解决方案。从趋势上看，监管层将继续坚持从严监管和科技创新原则，对金融公司的业务品类、数据标准等保持严格监管，对新技术、新模式保持审慎态度。

二、技术应用现状

本节将讨论新一代人工智能在金融领域应用的典型场景，包括财富管理、风险管理、金融安全、金融咨询和区块链。

（一）人工智能 + 财富管理

招商银行联合贝恩公司发布的《2021中国私人财富报告》数据显示，2020年中国的个人可投资资产为241万亿元人民币，是全球第二大个人财富管理市场。财富管理的全业务流程包括客户顾问端和资产管理端，前者以用户为核心，涉及引流、获客、客户评估等环节；后者以产品为核心，涉及投资策略制定和执行以及风险管理等。

人工智能在财富管理中的应用主要包括以下三个方面。一是智能营销。包括客户信息采集、认知模型构建和营销精准触达。利用大数据技术精准刻画客户画像，快速了解其风险偏好，实现对客户需求的精准把握，从而提升客户体验和营销效率。例如中国平安集团旗下金融科技公司金融壹账通通过加马（Gamma）人工智能营销解决方案，实现客户活跃度提升50%、新客户获客量增加2倍以上。二是智能投顾。根据客户的资质、风险偏好和收益预期以及市场状况等多维数据，基于产品模拟和模型预测等人工智能技术，输出个性化定制的投资理财建议。通过技术增效和降低门槛，智能投顾可实现对中低端长尾客户的有效覆盖。三是智能投研。通过深度学习、自然语言处理等技术，对企业财务数据和公告、重要事件等金融大数据进行分析和挖掘，从而提高投研工作效率和分析能力❶。例如通过从公司公告、研报、新闻等非结构化数据中批量自动提取关键信息，以此为基础搭建领域知识图谱，辅助投资决策。

中信银行"信智投"

中信银行2021年推出智能投顾产品"信智投"，在代理基金销售业务基础上，融合了大数据分析、量化金融模型等技术。"信智投"从投资前、投资中、投资后三个阶段分析客户投资痛点，并根据客户画像，基于目标风险策略，为客户提供一套完整的基金投资解决方案。"信智投"有三大亮点：一是构建智能化风险评估模型，可基于客户的风险评估结果智能化匹配目标风险和模拟收益情况、推荐最适合的产品组合；二是结合投研专家前瞻性市场分析和底层产品专业调研，运用大数据、投资模型、智能算法弥补人类在计算能力上的不足；三是用户体验便捷，将推荐的资产配置组合直接推送给用户，并提供一键购买、专家持续跟踪等服务。

（二）人工智能 + 风险管理

金融领域的风险管理包括对金融风险的识别、计量、监测和控

---

❶ 资料来自鲸准研究院2018年发布的《智能投研行业分析报告》。

制。传统的金融领域风险管理流程非常复杂，依赖专家的经验，存在时间长、人力成本高、覆盖率低等弊端。将人工智能用于金融领域的风险管理本质上是基于数据驱动进行风险控制与管理决策，根据行业不同，其主要应用场景包括以下三类。

（1）银行业：一是信贷风控。通过整合内外部数据构建风控模型，从信用品质、偿债能力、押品价值、财务状况、还款条件等多维度进行评估，衡量客户还款能力和意愿。二是交易反欺诈。例如针对信用卡盗刷，根据盗刷行为的特定模式，设计机器学习模型，能够多维度地精准区分盗刷交易和正常交易。实践中，模型准确率超过80%，并且能够在20毫秒内响应99.95%的交易事件，从而及时发现和阻挡可疑交易。三是反洗钱。银行内部对可疑交易监测较为严格，约95%的检出事件实际上属于正常交易。因此需要庞大的人工审核团队进行复核，从中识别出高危洗钱案件。机器学习根据历史上人工审核的情况，学习高水平专家人工审核的经验、手段和结果，对可疑案宗进行预排序和分类，减少了30%以上的需要人工审核案件数量，从而大幅提高审核效率、降低成本。据统计，系统达到了资深反洗钱专家97%以上的水平。

（2）证券业：异常交易行为侦测。通过对高频交易客户进行群体划分，基于交易活跃度、每单报价、持有标的、总资产、资金与持仓信息等指标构建客户画像体系，实现对操纵股价、"老鼠仓"等违规行为的实时、事中监管。

（3）保险业：防骗保。借助内外部数据在财产险的查勘、定损、核算等环节识别风险特征。例如，众安保险对接了中国人民银行征信数据、公安数据、前海征信、芝麻信用等外部大数据，其中公安数据包括已识别到的风险电话数据、短信数据等。

案例 6-2

上海银行智能风控项目——"魔镜"

上海银行于 2018 年推出智能风控项目——"魔镜"，"魔镜"项目是利用风控建模、机器学习等人工智能技术来缓解信息不对称，从而提高风险经营能力。"魔镜"项目可以覆盖银行集团客户、大中型企业和小微客群，在贷前、贷中和贷后，通过筛查企业风险信号，针对企业各维度的风险特征构建企业画像，以评估风险程度。"魔镜"进行风控评分时，涉及信贷、工商、征信、司法等十几个维度的 1200 个指标，其中，对银行集团客户的画像报告侧重集团内部各企业关联、风险传导与综合影响，对小微企业的画像报告侧重围绕企业主个人的信用情况分析与企业实际的经营变化情况。目前，上海银行自引入"魔镜"项目以来，平均每月查询笔数 7000 余次，平均单笔流程查阅"魔镜"报告 6 次；客户经理对推送信号的核查属实率达 96%，为各类客户提供了有效的信贷融资服务。

（三）人工智能＋金融安全

金融身份认证是保障金融信息安全的关键。人工智能金融身份认证主要是通过人脸识别、声纹识别、活体检测、姿态识别等技术进行高效身份验证，该类技术可广泛应用于银行柜台联网核查、自助开卡、支付结算等业务流程，可提高约30%的工作效率。但由于单一生物识别技术往往存在一定的局限性，因此未来身份认证技术的发展趋势是融合多模态多因子生物识别技术。例如夜晚光照不理想，人像识别率低，结合红外成像和热成像的跨模态互补可增强人像识别的准确度。目前，蚂蚁集团多模态融合人脸识别技术的误识率低至千万分之一，大大超出了单模态人脸识别技术所能达到的性能瓶颈，并提升了人脸识别的安全性。

（四）人工智能＋金融咨询

智能问答是人工智能应用于金融咨询的典型案例。智能问答旨在为客户提出的自然语言问题自动提供答案，主要可分为三类：一是开放域智能问答，以不限定知识领域和混合情感交互问答为主要特征；二是限定域被动式智能问答，客户问了问题，机器才回答，并且回答限定在知识领域问题，甚至限定在有限问题集合中；三是限定域引导式智能问答，以机器向用户提问为主，通过分析用户的回答完成全局的逻辑计算。在金融领域，后两者应用较多，智能客服、智能外呼和智能质检是比较典型的场景。

（1）智能客服。能够大幅节省成本，提升用户体验。例如，中国银行在线智能客服具有任务型对话、多轮问答、上下文反问等功能。数据显示，2020年平安银行智能客服服务的客户数量达1.4亿人次，问题解决率高达98%。且在业务量提升的同时，零售客服运营成本连年下降，截至2020年年末，客均运营成本较项目初期直降57%。

（2）智能外呼。能够准确识别客户意图，代替人工完成通知、提醒、回访类外呼任务，并能够根据外呼结果进行后续数据挖掘和跟进服务。目前，中国银行的智能外呼系统已在20余家分行投入使用，最多支持6轮客户对话，实现9%的营销转化。

（3）智能质检。主要检验人工客服在服务规范、营销和服务态度上是否符合要求。传统的质检方法依靠人力，非常耗时。智能质检通过设置规则，采用人工智能算法让机器来完成质检，并由人来对机器质检的结果进行复核打分，能够大幅度提高质检效率，全盘掌握客服服务质量情况，同时可降低运营成本。

案例 6-3 招商银行"小招喵"智能客服

招商银行在掌上生活APP上推出"小招喵"智能客服，通过语音转换、语义识别等人工智能技术进行智能意图分析，让服务实现"可见化"和"可听化"。同时，在交互式语音应答（Interactive Voice Response，IVR）中植入智能语音导航功能，识别准确率可达94%，交互量近8万次。此外，招商银行信用卡服务中心还推出了智能座席助手机器人，通过人机协作大大提升每个人工座席的服务能力。在服务交互过程中，利用智能分析机器人可完成准实时的语音转译和语义分析，对用户需求进行再挖掘，及时、客观、全面地将客户的语音反馈给信用卡中心业务单位，有力促进产品设计的优化和改进。

（五）人工智能＋区块链

区块链拥有去中心化、开放性等优势特征，可以和人工智能在数据应用和数据安全等问题上形成互补。

"人工智能+区块链"在金融领域的融合应用有市场情绪分析、去除交易商间经纪人（IDB）和检测金融欺诈行为等。在市场情绪分析及去除交易商间经纪人方面，利用深度学习对用户情绪、市场波动进行时序分析，再结合区块链技术保护下的个人数据，为个人提供更精准的交易服务，并通过机器人取代人工，降低IDB佣金。在检测金融欺诈行为方面，交易机器人的使用、高频加密交易技术的兴起以及去中心化区块链技术的引入减少了人为操控的可能性，降低了金融欺诈风险。此外，通过人工智能监控加密市场，能使恶意攻击变得更难。

案例 6-4

法国国民互助信贷银行改进验证客户
身份的区块链项目

2016 年 6 月，法国国民互助信贷银行便将区块链技术用于改进验证客户身份的业务流程。在银行环境中，无论是开户、申请贷款还是办理信用卡，取得公证文件、注册保险箱、对客户身份进行识别都是非常重要的。和大多数银行一样，法国国民互助信贷银行的不同业务功能和系统包含各种客户信息。由于部门与部门之间、系统与系统之间的隔阂，银行员工必须手动收集不同来源的文件来验

证客户的身份，这在一定程度上阻碍了业务部门内部的工作。通过
使用区块链技术，来自不同系统和部门的记录和文档可以汇集到客
户的整个身份文档链中，每个访问该身份文档链的人都可以使用。

区块链和人工智能的结合在金融风控方面会产生颠覆性改变，推
动产业的迭代性升级。例如，京东在"京东白条"上运用区块链技术
构建了大数据模型体系，与传统风控体系比较，能够更加精准地识别
及遏制套现行为。苏宁利用"人工智能+区块链"技术打造去中心化
属性黑名单共享平台和可追踪属性的区块链溯源平台。

三、存在的问题及挑战

人工智能在金融领域的应用为我国金融业的发展带来了新机遇，
对金融服务体验感的提升和金融科技驱动实体经济发展有重要意义。
但是，二者在融合发展的过程中也出现了一些亟待解决的问题。

一是人工智能的关键核心技术不足，削弱了人工智能在金融领域
的核心竞争力。我国人工智能起步较晚，基础研究水平相对不足，虽
有些技术已经超过发达国家，但关键核心技术受制于人的局面还没有
从根本上改变，例如CPU、GPU等对外依赖程度依然很高。我国人工
智能基础设施的薄弱，与目前人工智能领域专业人才的缺乏有很大关
系，尤其是既懂人工智能又懂金融的复合型人才更是稀缺。

二是金融要素市场流通性差，金融数据共享性不足。金融业积累的数据十分庞大，但除公开的金融市场交易数据外，各家金融机构出于客户个人隐私和数据安全考虑，很难主动开放其内部海量数据。此外，由于标准体系建设滞后和规范缺失，不同金融机构之间的数据"碎片化"和"孤岛化"状态较为普遍，对外开放、共享和应用受到很大的限制，在一定程度上制约了人工智能在金融业的创新应用。并且，由于数据清洗和处理的成本较高，难以利用人工智能对大数据资源进行开发和利用。

三是技术安全风险在金融领域丛生，限制人工智能与金融领域的纵向融合。任何事物都有正反两面，人工智能在金融领域的发展同时也带来了新的风险，例如信息和隐私泄露风险。人脸识别、指纹支付、语音识别等技术早已在金融领域普遍使用，但应用这些技术需要收集和储存大量具有唯一性的客户特征信息，一旦不慎泄露，客户的隐私就会受到侵害。同时，由于机器学习跟不上金融市场的发展或者与金融市场的运行特征不匹配，利用人工智能进行的财富计算、投资策略生成等与实际情况不匹配，存在着一定的技术风险。人工智能涉及的数据的数量和种类均很多，算法也十分复杂，难以避免发生与预测结果和实际情况不符的事情。除此之外，当规则或政策等外部变量发生改变时，以往给出的数据会失去时效，基于以往数据建立的人工智能模型所预测的结果可能出现偏差。

四是人工智能监管面临很大挑战，"人工智能+金融"的监管体制并不完善，在很多方面都处于空白状态。人工智能作为新兴技术，对其责任划分和信息披露程度尚未建立明确的标准。例如，运用人工智能进行账户管理造成差错或者财产损失，该如何处罚？人工智能和人工操作相结合完成的服务造成损失（例如投资出错）应如何定义，怎么承担责任？此外，我国的金融监管体制很大程度上依靠"先发展后规范"的被动监管模式，随着新金融业态的不断涌现，传统的监管模式无法快速更迭，使得很多金融风险处于监管的空白地带，不仅容易滋生各类违法行为，并且法规的制定会陷入"不断补漏"的困境。

四、领域未来发展趋势

人工智能的应用推动金融业产品和服务模式更新，产生了一系列新业态、新模式、新产业，主要包含以下三个方向。

（1）无人银行。2018年4月9日，坐落于上海黄浦区九江路303号的中国建设银行上海市分行设立了国内首家无人银行。在完全无柜台人员和大堂经理帮助的情况下，客户可办理普通银行90%的现金与非现金业务；不能办理的业务，也可在贵宾（VIP）室与云端客服远程视频连线办理。

（2）机器人流程自动化（Robotic process automation，RPA）保险机器人。保险业务流程复杂，标准化程度较低，存在大量重复执行的工作。RPA机器人的应用能够实现流程自动化，大幅提升后台运营效率和客户服务效率。例如，在保险评估环节，利用人工智能对事故图像进行判断分析，并通过RPA机器人自动提交保险请求。RPA机器人每分钟可进行数千次维修估算，从而大幅提升效率。在理赔审核环节，RPA机器人通过结合图像深度学习、OCR和自然语言处理技术，可以对理赔案件的证明材料进行自动分类和核对。

（3）数字人民币。数字人民币是由中国人民银行发行的数字形式的法定货币，2020年已开展试点运营。中国人民银行《中国数字人民币的研发进展白皮书》显示，截至2021年6月30日，数字人民币开立个人钱包2087万余个、对公钱包351万余个，累计交易笔数7075万余笔、金额约345亿元人民币。数字人民币有望通过与第三方支付机构的合作，进一步拓展现有移动支付场景。此外，数字人民币"双离线"支付技术能够弥合"数字鸿沟"给特定人群在支付时带来的不便性。

第七章

人工智能在交通物流领域的应用进展

国家"十四五"规划提出要"加快构建以国内大循环为主体、国内国际双循环相互促进的新发展格局"。习近平总书记在中央财经委员会第八次会议中强调"流通体系在国民经济中发挥着基础性作用,构建新发展格局,必须把建设现代流通体系作为一项重要战略任务来抓"。目前,传统交通物流领域的自动化、规模化发展模式已经逐渐陷入瓶颈,既无法满足当今日益复杂的数字化、智慧化生产生活需求,也无法满足我国打造物流强国、交通强国的战略任务与历史使命。现代交通物流体系的建设亟须向数据要支撑、向技术要效率,加快数字化、智能化转型升级,把握新一轮科技革命带来的历史性产业机遇,积极参与国际数字交通标准体系制定,引领交通物流的数字化转型道路。

一、政策分析

在智能交通领域,自"十二五"时期,我国就首次提出"到2020年我国要基本形成适应现代交通运输业发展要求的智能交通体系"。"十三五"时期,我国发布《智慧交通让出行更便捷行动方案(2017—

2020年）》，提出四大建设方向：提升城际交通出行智能化水平、加快城市交通出行智能化发展、大力推广城乡和农村客运智能化应用、完善智慧出行发展环境。"十四五"初期，我国发布《国家综合立体交通网规划纲要》，提出打造基于城市信息模型平台、集城市动态静态数据于一体的智慧出行平台。根据国家层面发布的一系列顶层设计政策，如《交通运输行业智能交通发展战略（2012—2020年）》《中国制造2025》《智能汽车创新发展战略》《交通运输部关于推动交通运输领域新型基础设施建设的指导意见》《关于促进道路交通自动驾驶技术发展和应用的指导意见》等，可以总结得出，我国智慧交通发展的主要目标和重点任务集中于基础设施建设、自动驾驶技术、车路协同技术等方面。

在智能物流领域，中央和地方出台了一系列政策，对物流设施设备、物流服务模式创新、物流跨区协同等重点领域加大支持力度。在智能物流设施设备方面，政策支持重点在于加强完善物流设施智能化布局和大力支持物流高端智能装备制造的应用。在物流服务模式创新方面，政策支持重点在于加快实现物流活动全过程的数字化和鼓励建设物流配送云服务平台。在物流跨区域协同发展方面，重点支持在海运物流中，通过推进建设公共信息平台、基于区块链的全球航运服务网络平台等来实现跨区域协同。

二、技术应用现状

随着经济社会的高速发展和数字化、智能化转型的深入，人与物时空流动的复杂性、动态性和交互性日益提高。传统的交通运输组织与管理模式通过分治或者简化模型已无法高效利用、处理如此复杂的交通运输系统。此外，随着多国老龄化程度的逐渐加深，高强度劳动人口供给不足的问题也日益显现：新冠肺炎疫情期间，卡车司机的短缺已经成为全球运输系统紊乱的一个重要原因。因此，近几年来，在新一代人工智能的驱动下，交通物流系统的数字化、网络化与智能化发展十分迅速，尤其在自动驾驶系统、智能车辆调度管理系统、智慧交通系统等领域取得了突破性进展。

（一）新一代人工智能加快推动交通物流智慧化发展

1．新一代人工智能与无人驾驶系统

无人驾驶系统是一个集环境感知、规划决策、多等级辅助驾驶等功能于一体的综合系统技术，是新一代人工智能在交通物流领域的重要应用场景。

（1）无人驾驶系统的应用现状

无人驾驶技术目前已广泛应用于船舶、汽车、低速运载工具、航空等多个领域，其应用发展过程基本按照两条脉络进行。

第一条脉络是向越来越复杂的场景发展。概括来看，即从低速有限场景向高速开放场景发展。由于仓储环境相对简单且在其中运行的运载工具速度较低，所以，无人驾驶技术最早广泛应用于仓储机器人、厂内物流机器人、无人叉车中。目前这方面的无人驾驶系统已经相对成熟，国内外已经有多个无人仓、无人工厂投入使用并取得了较

好的经济效益。目前无人驾驶系统正在向室外园区和开放场景拓展，最常见的应用就是无人配送机器人、园区无人巴士和无人机。目前来看，园区的交通运输是无人驾驶技术非常理想的练兵之所，一方面园区环境虽然已基本具备开放环境的大部分特征，但是环境复杂度相对较低且易于控制，因此无人驾驶技术的技能试验场地相对安全可控。另一方面，人们对园区交通运输的时效性和可靠性要求相对不高，因此给了这些应用一个非常包容的实验环境，使得许多无人驾驶技术公司可以在这些场景做一些初步的商业应用，从而使得这些公司更易于得到市场关注并加速其技术迭代。目前许多无人驾驶公司都在积极拓展园区无人交通运输场景，并在园区快递配送、港口集卡运输、机场无人运输等方面取得了比较好的应用效果。

无人驾驶系统最具发展前景的方向依然是开放场景下的无人汽车与无人船舶。部分无人驾驶技术公司（例如谷歌、特斯拉、小鹏、Massterly、中船集团）长期致力于直接将无人驾驶技术应用于这两大领域，从而产生了无人驾驶发展的第二条脉络，即从简单辅助到全面接管。在无人汽车方面，根据《汽车驾驶自动化分级》国家推荐标准（GB/T 40429—2021），汽车驾驶自动化从低到高分为六个层级：0级（应急辅助）、1级（部分驾驶辅助）、2级（组合驾驶辅助）、3级（有条件自动驾驶）、4级（高度自动驾驶）、5级（完全自动驾驶）共6个等级，目前0级与1级已经广泛应用于商用车辆当中，成为许多中高档车辆的标配。2级或"2级+"则为目前商用自动驾驶技术的最高水平，更高级别的自动驾驶功能主要以测试为主。自2017年我国放开无人驾驶测试开始，全国多地已建立无人驾驶测试示范区，打造高水平测试基地。互联网巨头、初创公司、整车厂都积极开展无人驾驶技术路测，其中，截至2021年10月2日，百度阿波罗（Apollo）自动驾驶安全路测里程已经超过1800万千米。随着无人驾驶技术积累的应用场景、数据不断丰富，无人驾驶技术也将快速成熟，我们乐观预计，到2025年商用无人驾驶有望达到4级水平。

相比于无人驾驶汽车，无人驾驶船舶由于船舶功能的复杂性以及存在复杂的国际公约与标准，目前尚缺乏公认的无人驾驶等级划分标准，相关规范主要见于智能船舶的标准之中。中国、美国、欧洲、日本、韩国等国家和地区都在开展较大的完全无人驾驶船测试项目，例如，2019年美国海军研究办公室（ONR）的自主驾驶船"海上猎手"（Sea Hunter）在无船员在船的情况下完成从加利福尼亚州圣迭戈到夏威夷珍珠港的自主航行；2019年美国海洋无人机公司（Saildrone）的无人机帆船首次绕过南极洲；2020年英国自主无人驾驶船舶"Maxlimer"实现世界上第一次无人情况下的跨大西洋航行；2017年日本商船三井航运公司和三井造船公司开发自主远洋运输系统技术，已于2020年开始实船实验，并计划在2025年打造出大型无人驾驶船队；2019年中国首艘无人驾驶自主航行系统实验船——"智腾"号在青岛"下水"航行。

（2）新一代人工智能在无人驾驶系统中的应用现状

新一代人工智能深度应用于无人驾驶系统的地图构建、车联网协同、环境认知、规划决策等领域，是无人驾驶从低速有限场景向高速开放场景发展的核心动力。

在地图构建方面，无人驾驶系统应用大数据等技术对传感器获得的感知信息进行模式识别与目标分类，大大降低了地图构建成本。在车联网协同方面，无人驾驶系统应用多智能体优化决策技术，提高对多智能体和环境数据的提取与计算能力，从而加强各个智能体在决策过程中的协同，实现多运输工具的协同决策优化。在环境认知方面，人工智能深度应用于GPS、摄像头、雷达等多传感器的数据分析与融合，通过以自然语言理解和图像图形为核心的认知计算理论和方法，在高精地图的基础上将周边环境结构化，包括对路标、行车线、路障等静态主体进行识别理解和对关键动态主体如行人、动物、车辆等进行行为建模，从而为决策控制系统提供依据。在决策控制方面，目前无人驾驶系统的决策计算主要应用决策树、贝叶斯网络、深度强化学习等方法确定行驶策略，根据当前环境规划相关动作与路径。同时，目前大多数无人驾驶系统的应用尚处于辅助驾驶阶段，以"人在回路"（Human in the loop）的混合增强智能实现人机共生也是目前重要的研究领域。

2．新一代人工智能与智能交通物流系统

所谓智能交通物流系统主要是指利用物联网、云计算、人工智能等新一代信息技术对交通物流系统内各要素实现感知、分析、预测与控制的系统。系统通过有效集成、调度交通物流资源，建立起一种在大范围内、全方位发挥作用的实时、准确、高效的综合交通与物流资源调度系统，从而充分保证交通物流安全、发挥交通物流基础设施效能，提升交通系统运行效率与社会管理水平。

相比无人驾驶技术通过直接的人力替代降低交通物流的成本，智能交通物流系统则是从系统的角度，通过对各类资源之间的合理整合

与调度，提高系统各资源的使用效率，不仅降低交通物流的成本，也提高了交通物流的质量与效率。

（1）智能交通物流系统应用现状

智能交通物流系统起源于20世纪60年代末，最初是研究运用计算机、通信、信息及控制技术来改善交通状况，提高运输效率。20世纪80年代中期以来，随着数据采集、流通、存储计算技术的不断革新，相关研究得到飞速发展并进入初步应用阶段。进入20世纪90年代，美国、欧洲、日本、澳大利亚、韩国等国家和地区对智能交通系统的研究开发给予了更高的重视，投入了大量的人力物力，实现了智能交通物流系统的规模化应用❶。

我国的智能交通物流系统起步相对较晚，大规模建设从21世纪才开始。目前来看，随着近几年智慧交通工程的大力实施，我国智慧交通物流系统发展已经基本实现多元共建共治共享，从建设主体来看主要分为三类。

一是由政府主导的服务于公共治理的基础性智慧交通平台。此类平台基于物联网智能感知互联和大数据与云计算，通过对交通系统中各个元素的实时感知监测和智能计算，实现城市、港口等的各类交通基础设施和相关公共服务人员的智能监管与调度，比较典型的有智慧路网系统、智慧航道系统等。

二是由互联网企业主导的作为新型交通基础设施的地图导航平台。这些平台以基础地图数据和大量用户的实时数据为基础，实现对

---

❶ 李峰. 智能交通系统在国外的发展趋势［J］. 中外公路，1999，000（001）: 1.

路况和用户到达时间的分析与预测，进而指导用户出行或确定运输的交通路线。此类平台有百度地图、高德地图等，对用户的出行行为具有较大的引导作用，使得公共交通资源能够获得更加有效的配置。因此，目前此类平台也在积极与公共服务部门合作，与第一类平台进行一定程度上的数据与服务共享，从而共同实现更智慧的交通服务。

三是由交通物流领域平台型企业主导的交通物流资源调度平台。相比第一类、第二类平台主要为了更好地满足交通物流对公共空间的需求，第三类平台的主要目标在于动态匹配运输的需求与供给，通过市场拓展持续扩大资源交易规模，实现运输资源配置的优化。同时，由于资源的有效配置高度依赖对资源可用时间的分析预测，因此第三类平台从技术上高度依赖第二类平台，并与第二类平台在商业或者技术上有着广泛的合作。目前第三类平台具有明显的行业性质并呈现多样化形态，例如在出行领域有以加盟为主的滴滴平台和以自营起家的曹操出行等，在物流领域有以物联网打通互联网的G7物联和由点状物流园到网状互联的传化智联等。

（2）新一代人工智能在智能交通物流系统中的应用现状

随着物联网设备的广泛应用和计算中心的加速建设，在数据和算力的充分保障下，新一代人工智能在智能交通物流领域获得了大量的应用机会。人工智能在智能交通物流系统的应用主要分为三个部分：一是在感知端加强对资源的数字化与互联能力，二是在计算端提高对物流资源变化的推演预测精度，三是在控制端优化物流系统规划调度效率。

其中物流系统各环节、各元素的推演预测对于总体系统优化具有关键作用。目前人工智能在交通流、供需关系、运输时间等方面的推演预测上已有不少试点应用。例如满帮集团、菜鸟集团等车货匹配平台利用强化学习、图神经网络等对物流过程进行建模，通过融合商贸关联数据、历史运输价格数据、当前运输供给数据、交通流数据等，实现对运输供需关系的实时推演预测，从而更好地对相关运力进行布局优化及定价。从整体趋势来看，人工智能推演预测的应用正在逐渐从单纯的统计分析模式向更复杂的知识推理转变，从而不断提升预测精度。例如在货运时间预估上，目前的人工智能系统不再是简单地对数据进行统计挖掘，而是基于运输过程中各个供应商、货物和环境特征对货运过程形成系统性的特征认知，从而更准确地预测货运时间。

此外，交通物流的资源优化最终展现在资源匹配与路线规划问题上。如何在高度动态开放的环境下实现多系统间可靠且有效的调度是目前人工智能在该领域应用的难点。目前人工智能已经在相关领域进行了多样化的落地探索，并在多个领域证明了其优越性。例如在多车路径规划（MVRP）问题上，多家物流、仓储平台通过数据挖掘实现物流波次分析与订单聚类分析，并最终通过深度强化学习提高集卡运输、城市配送、仓储、场内物流的总体效率，使得大规模的有效拼车、拼货成为可能。

（二）新一代人工智能驱动交通物流领域新业态、新模式、新产业

随着新一代人工智能在交通物流领域的加速渗透，技术的创新不断催生新业态、新模式、新产业的涌现，产业发展逐渐呈现出以

下特点。

（1）围绕智能无人系统的新产业蓬勃发展。随着人工智能技术的不断成熟，自主无人系统产业逐渐成为交通物流领域增长最快的领域。在园区、仓储等有限场景下，已经出现了一批如智能仓、智能港、智能矿场、园区无人小巴等典型应用案例，大大降低了仓储物流和园区交通领域的作业强度。在开放场景中，各国也正在加大研发力度，L2级别（部分自动驾驶）的无人驾驶技术逐渐成为商用汽车标配，L4级别的无人驾驶汽车有望在2025年实现全面商用。无人驾驶船舶在多个国家也进入测试阶段，并实现了多次远洋无人驾驶航行。

（2）围绕资源集成的共享业态逐渐成形。传感网络、高速通信技术、互联网等技术使得大量资源能够以数字化的形式集聚起来，为人工智能应用提供了丰富的土壤。而人工智能则通过对数据价值的深度挖掘，实现了数据的规模效应，使大规模资源调度的效率大幅提升，加快了资源的横向整合，催生了一系列如滴滴、满帮、货拉拉等交通运输资源调度平台，从而大大提高了交通物流领域共享资源的可及性。

（3）围绕广域协同的一站式服务模式渐入佳境。新一代人工智能通过不断提升广域资源的协同调度效率，持续降低资源对接与协同沟通成本，使得上下游的多方协作更为经济。上下游关系逐渐从激烈的竞争关系向以核心企业为主导的共利关系转变。以四港❶联动为代表的全程一站式服务将逐渐成为交通物流服务的主流模式。

---

❶ 四港指航空港、铁路港、公路港、出海港（国际陆港）。

三、存在的问题及挑战

虽然新一代人工智能在交通物流领域发挥了巨大作用，有效促进了新产业、新模式、新业态的发展。但必须承认的是，在智慧交通物流领域，西方国家在某些方面已经具备先发优势。我国如何利用自身优势，率先克服交通物流领域数据资源融通困难，有效解决高端传感器、芯片等高端元器件的依赖问题将是我国进一步发展智能交通物流，建设交通物流强国的主要挑战。

（一）数据孤岛问题突出，数据资源融通困难

数据是智能化发展的基础，但是目前交通物流行业数据总体透明度不高，例如调查结果显示，浙江省超过50%的物流企业认为行业数据支撑不足。物流公共数据共享成为国际物流企业在智能化发展过程中除资金支持外最需要政府支持的方面。

（1）交通物流智能化发展的全局谋划尚不完善。一是交通物流的数字化建设缺少有效的协作机制与总体目标。在交通物流数字化建设过程中，各个企业、政府部门基于自身业务建立了多样化数据服务平台。此举虽然推动了交通物流数字化的快速发展，但缺少总体目标引导以及相关标准与协同机制，导致各平台建设水平参差不齐，数据互不相通。二是交通运输链条上各主体利益冲突激烈，横向、纵向分割严重。综合交通物流系统基于管理和公共资源投入上的分工，形成了平台相互分割的情况，各平台间横向互联、纵向互通工作在缺乏顶层

支持的情况下难以推进。例如舟山江海联运平台是国家骨干物流信息平台，致力于促进舟山港口与长江沿线港口的信息互通，现在虽然已经连通了长江沿线的大部分港口，但仍有少部分港口未接入平台。原因在于缺乏上层的统筹协调与合作规则，仅靠平台管理部门或者所在地管理部门难以实现与长江沿线港口的信息互通。三是数字流通缺乏经济性强的综合应用。虽然目前综合性的数字化平台建设成效显著，但是在数据整合应用上尚缺乏完善的商业闭环和对数据提供方的价值反哺。四是交通物流数据与其他领域数据的实时整合应用尚待发展。数字化时代，物流、商流、资金流、信息流四者密不可分。交通物流的智慧化发展，还需要商贸、金融、地理、气象等领域数据的支撑。但是在跨领域融合的数字化方面，目前由于规则体系缺乏和实施主体不明确，金融配套服务、商务服务等方面数据发展较为滞后，跨领域的交通物流大数据整合应用尚待开发。

（2）交通物流领域数据规则体系缺失。一是在数据生产上，物联网传感器设备协议庞杂，互联网数据格式多，兼容汇总难度大。二是在数据存储与开发上，缺少数据质量、数据安全等相关分级分类标准，导致企业在数据存储开发过程中难以进行有效的数据治理。三是在数据流通上，缺乏安全可信的数据流通规则与权益分配机制，相关主体即使有数据交换意愿也需要经历长时间的磋商才能完成数据的流通和应用。

（3）数据流通技术与相关基础设施尚需完善。交通物流行业各主体间横向、纵向竞争激烈，信任程度低。传统中心化的数据集成难以得到交通物流各方主体的积极参与。目前分布式的数据流通与价值发掘技术（如区块链、隐私计算等）发展迅速并在海运链数据流通上实现了一定程度的应用。但是总体来看，现代数据流通技术依然存在部署成本高、承载能力不足、算法开发相对困难、数据多级流转难以管控等问题。全面的应用部署依然面临重重困难，数据流通基础设施、基础规则难以确立。

（二）技术与应用尚存鸿沟，核心产业受制于人

1. 新一代人工智能的技术挑战

虽然新一代人工智能在交通物流领域出现了许多现象级的应用，但在进一步深度融合上依然存在众多挑战。例如在自动驾驶领域，虽然人工智能已经牢牢占据了自动驾驶系统中的核心地位。但是由于人工智能的可信性问题一直难以解决，自动驾驶系统的商业应用目前只能局限于辅助驾驶或者有限（如低速）环境下的自动驾驶。在交通物流系统的推演预测领域，其应用效率与场景不仅受到高质量数据不足的制约，同时在面对复杂巨系统时，存在模型通用性不足、精度无法支撑商业应用等问题。在交通物流系统的调度规划领域，虽然许多科研机构运用深度强化学习解决了许多运筹优化问题，但是在实际落地过程中，由于交通物流环境的不确定性和推演预测系统的不稳定性，依然存在大量亟待解决的工程问题，应用端的推进相对偏缓。

2. 智能系统的产业挑战

实现新一代人工智能与交通物流领域的深度融合不仅依赖人工智能算法的快速发展，同时也对整个智能产业体系提出了挑战。但是我

国人工智能处于后发地位，技术起步相对较晚，导致复合领域人才储备、技术储备不足，在标准体系及国际合作上均受制于人。

例如，在智能运载设备方面，我国车辆、飞机、船舶的核心电子元器件、传感设备、基础软件系统、高精度自主导航系统、智能决策控制系统等在产业上均处于相对落后地位，极大制约了我国智能运载装备的软硬件一体化发展，使我国在高精尖的智能运载系统上难以取得突破性发展。在网络化的智能交通物流系统方面，我国在运筹优化、多智能体仿真等基础工程技术和供应链管理软件产品等领域还存在显著短板，例如运筹优化工具软件的国产替代才刚刚开始，国产供应链管理软件相对落后。

四、领域发展建议

（一）加快建设交通物流数据流通体系

数据的大量积累是人工智能实现产业应用和发展的基础，构建高效的数据流通体系对于交通物流智能化建设具有基础性作用。

（1）加快建设交通物流公共服务开放数据集。在充分调研各市场主体需求的基础上，对行业确有需要的受限开放类数据，制定数据开放规则和数据系统软硬件标准。积极探索区块链、隐私计算等技术处理数据隐私、数据安全与数据价值利用之间的矛盾；加快建立可信数据系统认证机制与工程实施标准，公共受限开放类数据能够依托授权运营主体在脱敏、加密后与可信数据系统进行有效的共享交换。最终建立符合市场要求，涵盖数据资源全生命周期的公共数据安全保障与有效利用体系。

（2）推动多方主体参与数据可信流通平台。以公共数据扩大开放为契机，以公共服务部门主导构建的数据开放规则与安全机制为基础，联合交通物流重点企业和现有物流数据交换系统，共同构筑高效、可靠、可扩展、高度兼容开放的多中心数据交换框架，探索数据链上记录、链下交换、协同挖掘的数据流通与价值利用模式。通过公共数据流通引导，鼓励企业在该框架下进行数据交换。以市场交易为牵引，逐步完善数据流通规则、数据系统安全认证标准和相关数据中转服务。另外，积极培育具有国际影响力的交通物流数据服务与分析机构。基于数据流通框架，通过提供算法、算力和其他各类资源，积极协调、组织交通物流数据的流通与运营，加快交通物流领域与其他领域的数据合作，最大限度盘活交通物流数据资源价值（图7-1）。

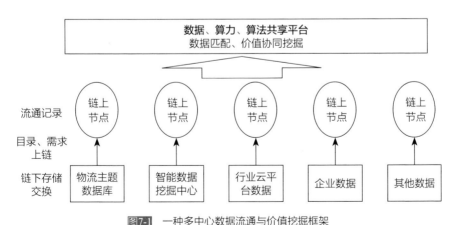

图7-1 一种多中心数据流通与价值挖掘框架

（二）重点培育交通物流智能计算技术与产业体系

交通物流智能计算技术与产业体系旨在通过整合利用物联网、互联网、数据库等多源历史与实时数据，提高交通物流系统对交通物流资源的量、价、质的多维分析、预测与匹配能力，进而动态实现交通物流、货流、人流需求，以及运输载体、交通枢纽、人力资源、政府监管、金融服务等在时空与价值上的高效匹配与风险控制，提高交通物流效率，引领交通物流向数字化方向发展。

在智能计算体系建设过程中，针对交通物流创新链中的核心问题，除了需要在底层芯片、基础软件等数字化通用技术上持续发力外，还需重点研究以下三项交通物流系统共性技术，并以此为基础，开放共建交通物流共性技术底座，进一步提高交通物流系统的协同性与标准化。

（1）数据流通领域关键技术。针对物流领域数据分散、模型具有动态性、并发性强、决策时效要求高、运筹优化问题多等特点，加强区块链、隐私计算等数据流通关键技术的研发。在区块链领域，以高性能、高可扩展、高可用、高安全为目标，重点研究跨链组网、共识算法、智能合约、动态准入等关键技术。在隐私计算领域，以实现分布式运筹优化计算为目标，重点研究联邦学习、多方安全计算等关键技术。运用区块链领域和隐私计算领域的关键技术，为交通物流数据流通体系建设提供理论与技术支撑，通过技术引领、创新驱动，切实降低数据流通的信任成本与数据获取成本。

（2）复杂系统推演预测技术。以数据流通体系和共建单位的累积数据为基础，通过图网络、具备因果机制的强化网络、面向群智感知的分布式建模技术等方法，深入研究交通物流系统的运作机制，构建具备捕捉交通物流系统动态性、各异性和各层次交互作用的复杂系统智能预测模型，实现对交通物流系统的更精准模拟，为交通物流各主体的运行、规划、调度提供基础的系统预测能力。同时与四港联动体系、综合交通运输体系相结合，对模型进行持续的迭代优化。

（3）复杂系统资源协同调度技术。综合应用深度强化学习、运筹优化、系统动力学等方法对交通物流内外部资源的匹配、定价、调度等决策问题进行建模并优化求解，形成完善的从描述到预测和决策的交通物流计算方法体系，指导交通物流内部资源的分配和与外部资源的衔接。

第八章

人工智能在软件和信息技术服务领域的应用进展

当前，新一轮科技革命和产业变革在全球范围内掀起浪潮，软件和信息技术服务业作为信息技术产业中发展速度最快、技术创新最活跃、增值效应最大的组成部分❶，在新技术、新应用、新模式上实现新突破，将催生人工智能在软件和信息技术服务业领域应用的颠覆性变革。

一、政策分析

根据国家统计局相关文件对软件和信息技术服务业的分类标准，软件和信息技术服务业主要包含信息技术咨询服务、信息系统集成服务、运行维护服务、数据服务、云服务、平台运营服务、电子商务平台技术服务、集成电路设计等。近年来，国家多部委参与制定及发布了多项与大数据、云计算、集成电路等领域相关的鼓励促进政策，为深化人工智能在上述领域的应用，鼓励企业实现数字化转型，对企业

---

❶ 王有志，汪长柳，黄斌. 世界信息服务业发展概况和趋势［J］. 中国高新技术企业，2010（2）：3.

上云实施鼓励及引导，为人工智能在软件和信息技术服务业的渗透提供了良好的政策环境。

（一）数据服务、云服务、集成电路等相关领域政策

美国政府早在2009年便开始布局对云服务行业的持续投入，并于同年9月宣布联邦政府云计算发展计划；2010年，美国制定的《改革联邦政府IT管理的25条实施计划》提出"云优先"等战略部署；2018年，美国政府重新制定"云敏捷"战略，在注重云资源使用的同时，更重视上云效率，为美国云计算行业全球领航奠定了政策基础。介于美国对大数据、云服务等领域的大力投入，世界各国和地区均扩大其在大数据、云计算领域的战略谋划，欧洲、日本、韩国等皆紧随其后，部分相关政策整理如下，见表8-1。

表 8-1　国际软件和信息技术服务业政策分析

政策名称	颁布时间	国家/机构	主要内容
《改革联邦政府 IT 管理的 25 条实施计划》	2010 年	美国	明确提出"云优先"策略
《数字英国报告》	2009 年	英国	明确提出政府要建立统一的政府云
《英国政府 ICT 战略》	2010 年	英国	把"G-Cloud"列为 14 项政府 ICT 战略中的第二项
《数字战略 2017》	2017 年	英国	希望到 2025 年数字经济对本国经济总量的贡献值可达 2000 亿英镑，积极应对脱欧可能带来的经济增速放缓的挑战

（续表）

政策名称	颁布时间	国家/机构	主要内容
《欧洲数字议程》	2010 年	欧盟委员会	建议制定和发展云计算的欧洲战略
《在欧洲释放云计算潜能》	2012 年	欧盟委员会	筛选和精炼多项技术标准，为云服务制定安全和公平的标准，并明确市场政策，确立欧洲云计算市场
《云计算全面振兴计划》	2011 年	韩国	核心是政府率先引进并提供云计算服务，为云计算开发国内需求
《智能信息社会中长期综合对策》	2016 年	韩国	将大数据及其相关技术界定为智能信息社会的核心要素，并提出具体的发展目标与举措
《云计算与日本竞争力研究》	2010 年	日本	将云计算技术运用到灾备建设技术当中，并希望在 2020 年内能创造 40 万亿日元的云市场
《创建最尖端 IT 国家宣言》	2013 年	日本	全面阐述了 2013—2020 年以发展开放公共数据和大数据为核心的国家战略，强调"提升日本竞争力，大数据应用不可或缺"

　　我国高度重视大数据、云计算等产业在推进经济社会发展中的地位和作用。大数据于2014年首次被写入政府工作报告，并逐渐成为各级政府关注的热点。2015年9月，国务院发布《促进大数据发展的行动纲要》，大数据正式上升至国家战略层面，随后，"十九大"报告提出要推动大数据与实体经济的深度融合，"十四五"发展规划更是将大数据标准体系的完善列为发展重点见表8-2。

表 8-2　国内软件和信息技术服务业政策分析

文件名称	颁布时间	制定机构	主要内容
2014 年《政府工作报告》	2014 年	国务院	大数据首次写入《政府工作报告》
《促进大数据发展的行动纲要》	2015 年	国务院	加快政府数据开放共享，推动资源整合，提升治理能力；推动大数据与云计算、物联网、移动互联网等新一代信息技术融合发展；发展工业大数据、新兴产业大数据、农业农村大数据、万众创新大数据等
《云计算综合标准化体系建设指南》	2015 年	工业和信息化部	提出建设云计算标准规范体系的要求，广泛借鉴国际云计算技术和标准研究成果，紧扣云计算服务和应用发展需求，充分发挥企业主体作用，加强标准战略研究和标准体系构建，明确云计算标准化研究方向，加快推进重要领域标准制定与贯彻实施，夯实云计算发展的技术基础，为促进我国云计算持续快速健康发展做好支撑
《软件和信息技术服务业发展规划（2016—2020 年）》	2017 年	工业和信息化部	顺应新一轮科技革命和产业变革趋势，充分发挥市场配置资源的决定性作用和更好发挥政府作用，以产业由大变强和支撑国家战略为出发点，以创新发展和融合发展为主线，着力突破核心技术，积极培育新兴业态，持续深化融合应用，加快构建具有国际竞争优势的产业生态体系，加速催生和释放创新红利、数据红利和模式红利，实现产业发展新跨越，全力支撑制造强国和网络强国建设

（续表）

文件名称	颁布时间	制定机构	主要内容
《大数据产业发展规划（2016—2020年）》	2017年	工业和信息化部	到2020年，技术先进、应用繁荣、保障有力的大数据产业体系基本形成。大数据相关产品和服务业务收入突破1万亿元人民币，年均复合增长率保持30%左右，加快建设数据强国，为实现制造强国和网络强国提供强大的产业支撑
《推动企业上云实施指南（2018—2020年）》	2018年	工业和信息化部	到2020年，力争实现企业上云环境进一步优化，行业企业上云意识和积极性明显提高，上云比例和应用深度显著提升，云计算在企业生产、经营、管理中的应用广泛普及，全国新增上云企业100万家，形成典型标杆应用案例100个以上，形成一批有影响力、带动力的云平台和企业上云体验中心
《新时期促进集成电路产业和软件产业高质量发展的若干政策》	2020年	国务院	为进一步优化集成电路产业和软件产业发展环境，深化产业国际合作，提升产业创新能力和发展质量，制定出台财税、投融资、研究开发、进出口、人才、知识产权、市场应用、国际合作八个方面政策措施

（二）电商平台相关政策

针对数字平台的快速崛起，全球主要国家均予以高度关注，依据本国实际情况采取了差异化的监管策略。

欧盟方面近年来频繁对平台型企业采取反垄断调查和高额罚款，反映了欧盟对数字平台监管的高压态势。2019年，欧盟先后对谷歌、蒸汽平台（Steam）、苹果公司和亚马逊开展反垄断调查，并对谷歌处以14.9亿欧元罚款。2020年，欧盟发布《数字市场法案》和《数字服务法案》，提出加强对数字巨头市场行为的监管，解决市场封锁问题，明确保护用户的合法权益并确保市场公平竞争的实现。除反垄断外，欧盟将隐私保护、平台规则透明化、数据安全等多因素也纳入了监管范畴。此外，由于欧盟数字经济产业不发达，主体以中小企业为主，缺乏大型数字平台。因此欧盟的数字平台监管政策带有一定的贸易保护主义色彩。

美国方面早期监管较为宽松，自2019年起加强了对数字平台的监管。2019年6月，美国先后对谷歌、脸书、亚马逊、苹果公司展开反垄断调查。2020年10月，美国发布《数字市场竞争调查报告》，建议对数字平台巨头进行特殊规制。2021年6月，美国通过《终止平台垄断法案》等五项互联网平台反垄断相关法案，体现了美国正推进明确平台经济反垄断的重点规制对象，收紧"主导平台"垄断判定标准。美国对数字平台监管态度的转变与其国内贫富差距扩大、制造业萎靡不振等因素相关。

此外，2020年以来，全球已有30多个国家对科技巨头征收数字税。2019年7月，法国率先开征数字税。2020年1月起，意大利、奥地利、英国等国相继实施各自国家制定的数字税法案。欧盟、西班牙、奥地利、捷克、波兰等经济体的数字税法案正在酝酿实施。亚洲方面，截至2020年年中，新加坡、马来西亚、印度、印度尼西亚、泰国和菲律宾等国已通过或者已实施开征数字税的法案。

我国在合理借鉴欧美国家成熟的做法和经验基础上，结合产业发展实际，坚持包容审慎的反垄断监管态度，不断完善竞争规则，以公平竞争的市场环境促进产业持续发展创新。目前，国内针对数字平台企业的监管政策渐进落地。

2019年8月，国务院办公厅发布《关于促进平台经济规范健康发展的指导意见》（以下简称"《指导意见》"），首次从国家层面对发展平台经济做出全方位部署。《指导意见》提出，要创新监管理念和方式，落实和完善包容审慎监管要求，推动建立健全适应平台经济发展特点的新型监管机制，着力营造公平竞争市场环境。《指导意见》的颁布为平台经济的规范监管提供了政策保障。

2019年9月，国家市场监管总局颁布了《禁止垄断协议暂行规定》《禁止滥用市场支配地位行为暂行规定》《制止滥用行政权力排除、限制竞争行为暂行规定》三部《反垄断法》配套规章，对涉及互联网等新经济领域的市场份额认定、市场支配地位认定、低于成本价格销售商品的特殊情形等问题做出针对性规定。规章充分考虑了新经济的特殊性，体现了包容审慎的监管原则，为执法监管提供了更为科学的评估标尺。

2020年1月，国家市场监管总局发布《〈反垄断法〉修订草案（公开征求意见稿）》，意见稿提出，认定互联网领域经营者具有市场支配地位还应当考虑网络效应、规模经济、锁定效应、掌握和处理相关数据的能力等因素。2021年2月，国务院发布《国务院反垄断委员会关于平台经济领域的反垄断指南》，旨在预防和制止平台经济领域垄断行为，促进平台经济规范有序创新健康发展。

随着监管政策的细化丰富，监管手段上也不断推陈出新。以浙江省为例，"浙江公平在线"系统通过创新数据抓取、模型运算、智能分析、综合研判等手段方法，对重点平台、重点行为、重点风险等实施广覆盖、全天候、多方位的监测、感知、分析和预警。着重对"二选一""大数据杀熟""低于成本价销售""纵向垄断协议""违法实施经营者集中"五类行为实施监测❶。首期监测范围覆盖重点平台20余家，平台内经营者1万余家，重点品牌500余个，商品10万余个。

二、技术应用现状

在国家政策的支持下，软件和信息技术服务业产业规模迅速扩大，技术水平得到了显著提升。本节将着重介绍人工智能在数据服务、信息技术咨询服务及电子商务平台技术服务领域的应用情况（图8-1）。

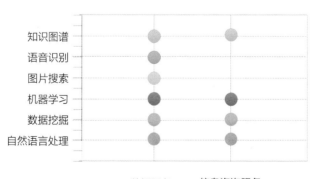

❶ 王健，季豪峥. 我国电商平台交易公平性和透明度规则研究 [J]. 经贸法律评论，2021（04）：134-158.

图8-1　人工智能在软件和信息技术服务领域的应用现状

（一）人工智能赋能数据服务

随着云计算、人工智能、5G等新一代信息技术快速发展，软件和信息技术服务业与传统产业加速融合，数据服务成为推动数字经济蓬勃发展的重要基石。数据服务的内容主要包括提供大数据服务中的数据采集、分析挖掘、可视化、综合应用解决方案，以及数据加工处理、内容处理等。

艾瑞咨询《2020年中国AI基础数据服务行业研究报告》数据显示，2025年中国人工智能基础数据服务行业市场规模将突破100亿元，行业核心业务将与以监督学习为主的人工智能市场形成强相关联系。而5G应用场景的加速落地将激起新一轮数据积淀，数据服务的需求也将更加多样化。目前，人工智能在软件和信息技术服务业的应用主要集中在计算机视觉、语音识别/语音合成以及自然语言处理等技术领域。

（1）计算机视觉方面，利用计算机对图像进行处理、分析和理解，以识别各种不同模式的目标和对象，并对质量不佳的图像进行一系列的增强与重建等。

其中，应用较为广泛的图像分析技术包括以下内容。

图像标签：基于多种场景和概念标签，智能、准确地理解图像内容，具有智能相册管理、照片检索和分类、基于场景内容或者物体的广告推荐等功能。

名人识别：利用深度神经网络模型对图片内容进行检测，准确识别图像中包含的政治人物、影视明星及网络红人。

翻拍识别：属于定制化图像识别，基于深度学习技术及大规模图像训练，可准确识别出商品标签图片是否为原始图片。

低光照增强：可以将图像的暗光区域增强，使得原来人眼不可见的区域变得可见，凸显图像中的有效视觉信息。

图像去雾：主要解决雾霾对成像质量的影响，可去除均匀雾霾及非均匀的雾霾遮挡，提升图片清晰度。

（2）语音识别/语音合成方面，数据服务商不仅要掌握专业的声学知识，实现跨语音识别、语义理解的复合数据标注，还要拥有语音合成的算法能力。目前，部分企业在智能交互系统的建设中，对单纯的语音识别或合成方面技术能力相对较完善，而在上下文理解、多轮对话、情绪识别、模糊语义识别、意图判断等方面较为薄弱。以下列举了几项常用的语音识别算法。

基于动态时间规整的算法：该算法是连续语音识别中的主流算法，运算量较大，但技术上较简单，识别正确率高。

基于参数模型的隐马尔可夫模型（HMM）的算法：该算法主要用于大词汇量的语音识别系统，需要较多的模型训练数据，较长的训练和识别时间，而且还需要较大的内存空间。

基于非参数模型的矢量量化（VQ）的算法：该算法所需的模型训练数据、训练和识别时间、工作存储空间都很小，但其对于大词汇量语音识别的识别性能较HMM差。

（3）自然语言处理方面，利用计算机为工具，对书面或口头形式的语言按照规则进行处理和加工。随着各领域人工智能应用产品的进一步爆发，将有更多交互方式出现，自然语言数据处理的需求将持续增长。自然语言处理的算法往往涉及以下方面。

语言模型：通过语料计算某个句子出现的概率（概率表示），用于消除语义的歧义。

实体命名：将待识别文档分词，然后送入模型进行识别计算，得到标注序列，然后根据标注划分出命名实体。

句法分析：对句法的结构、依存关系等进行分析、拆解，对句法的意义进行理解等。

（二）人工智能助力信息技术咨询

信息咨询服务的内容主要包含信息化规划、信息系统设计、信息技术管理咨询、信息系统工程监理、测试评估认证和信息技术培训等。人工智能在信息咨询服务领域的应用主要依赖以下几项技术要点。

数据整理：获取元数据，并将其转换为机器学习和人工智能可以识别的形式和架构的过程。具体包括数据输入、数据结构化、清理不良数据，以及通过处理数据来创建更多有效性字段。

人工智能模型的数据插补：用于解决数据缺失，根据其余数据，通过数据加工技术赋予缺值最合理的数值，填入空缺处。

数据分区：将数据进行分组处理，以便用于模型训练和测试。

监督学习：采用算法根据属性和最终已知目标来查找二者之间的联系，以预测未来的目标值。

无监督学习：输入没有明确目标变量的数据，通过机器自我学习输出相应的结论，往往应用于目标变量未知的情况。

模型的评估指标：通过评估指标掌握所完成工作的实际进展，并且根据出现的问题就如何调整解决做出决策。

（三）电子商务平台技术服务

人工智能在电子商务平台领域的进一步融合应用将形成商业全流程数据的互联互通，实现更为个性化、即时性和精准化的服务。通过人工智能抓取客户、货物、场景的数据信息，形成对客户需求的预判分析和对供应链的柔性管理。通过客户的足迹数据、行为数据、售后数据，实现对客户购买需求的提前推送和仓储智能化管理，为客户打造高度语境化和个性化的购物场景。

1. 人工智能用于内容精准供给

通过大数据和智能推荐算法的精准匹配，实现"千人千面"的内容供给，典型应用案例包括阿里、美团和字节跳动等。

电商平台的商品推荐和广告投放已实现精准推送。阿里旗下的淘宝、天猫等电商平台通过智能搜索和推荐实现用户和商品的信息交互，形成电商平台内的两大自然流量入口。前者为用户主动触发，系统提供智能召回和排序；后者为用户在特定场景下，被动接收"千人千面"的个性化推荐的商品。美团外卖的智能搜索与推荐基于知识图谱重构搜索架构，对商户进行排序，并利用查询纠错扩展、实体识别、实体链接等自然语言处理技术，准确理解用户查询意图。用户的购物行为和选择偏好都被记录下来，据此为其提供个性化内容及页面以匹配其消费喜好、口味偏好及时间敏感度。

内容供给方面的另一个典型案例是字节跳动。字节跳动的智能推荐服务依托机器学习和个性化推荐技术，借助其在多个领域的数据积累，形成个性化推荐。应用场景涉及电商、效果广告、空中下载技术（OTA）、内容类等。以抖音的推荐算法为例，推荐系统基于用户互动、视频信息、设备和账户设置等指标对用户的价值进行加权。其中，能更强地反映用户自身兴趣的指标（例如用户是否从头到尾观看较长的视频）将比弱的指标（例如视频的观看者和创作者是否都在同一国家／地区）获得更大的权重。抖音据此对视频进行排名，以确定用户对某段内容感兴趣的可能性，最后针对每个人生成唯一的推荐列表。

2. 人工智能对简单重复劳动的替代及流程优化

主要包括智能客服机器人、机器翻译、新闻摘要抽取、语音输入等应用场景。

在淘宝、百度、美团、滴滴等电商平台中广泛应用的智能客服机器人采用了智能问答系统，通过建立问答型和任务型机器人，采用问题分类、意图理解、实体型问答、观点型问答、长答案摘要等技术，能够高效率解决用户问题，提高用户体验，降低人工成本。

人工智能用于商业领域简单劳动力替代的另一大应用场景是机器翻译。机器翻译的本质问题是如何实现两种不同语言之间的等价转换，具有效率高、成本低等优点。目前，谷歌、百度、搜狗等人工智能行业巨头推出的翻译平台逐渐凭借其翻译过程的高效性和准确性占据了翻译行业的主导地位。

人工智能用于流程优化主要包括语音技术和计算机视觉的应用。

语音输入方面，部分电商平台已实现语音技术的全覆盖。例如，美团将语音识别技术用于支持全业务场景中的语音交互。在外卖服务中构建全语音闭环，支持包含商家名称、菜品名称、菜系名称等数十个字段的多维检索推荐，打通收货地址获取、订单支付等环节，实现全语音对话交易，从而有效提高各环节效率，实现流程优化。

计算机视觉在电商平台领域的应用场景包括人脸识别、文字识别、图像视频理解、智能创作与生成等。人脸识别技术通常用于金融、配送、打车和零售等场景的身份核验、人脸考勤、闸机通行等需求。文字识别技术通常用于证照识别、招牌识别、菜单识别、票据识别、网图识别、车牌识别、验证码识别、文字模糊判断、方向判断、图像查重等。图像视频理解主要围绕图像识别与检索、图像内容理解、视频多模态理解等技术，实现视觉感知、视觉语义提取、视觉信息检索等功能，用于无人零售、搜索推荐和智能地图等场景中。智能创作与生成基于深度神经网络模型和已有海量素材，构建视觉语义分析及内容生成能力，提升视觉内容的创作质量和效率，应用场景包括信息流内容优化、广告素材生成等。

3．人工智能用于辅助决策

人工智能用于辅助决策是指利用人工智能实现智能规划、智能调度、智能定价、离散事件仿真等应用。决策智能最典型的应用是美团的实时智能调度系统，系统根据配送骑手的实时位置，进行准确的骑手建模和分布交互式模拟，形成订单的最优匹配，日常高峰时段每小时执行约29亿次的路径规划算法[1]。该系统可以减少人为因素造成的配送时间波动，保证稳定的用户体验。

---

[1] 资料来自《美团点评招股说明书》，P190.

案例 8-1

沃尔玛智能零售实验室

2019 年，沃尔玛为积极应对传统实体连锁商店主导地位受到威胁的窘境，推出了智能零售实验室（Intelligent Retail Lab，IRL）。IRL 是一个由人工智能驱动的零售店，通过使用摄像头、传感器和深度学习来辅助商店运营，辅助员工了解店内产品实时品质，便于进行产品质量管理；帮助员工探测被遗落在角落的购物车，提高员工的工作效率；根据客户选购历史数据预测大规模购物潮的时间阶段，以便帮助员工提前做好充足的备货准备。

三、存在的问题及挑战

放眼全球，软件和信息技术服务业目前已在农业、工业、金融业、商务、政务、传媒业等多个传统服务业中得到广泛应用，对国家经济的转型发展起到促进作用，成为提高经济运行效率的重要手段和推动产业结构优化升级的重要途径。目前，软件和信息技术服务业存在的问题及风险主要表现为几个方面。

一是潜在的法律风险。随着云计算、物联网等技术的兴起推动专利的快速增长，在全球信息技术行业竞争中，专利成为各大制造商攻击对方的致命武器，行业内频发法律和商业纠纷。总体而言，国外企业无论在市场还是专利数量方面仍占据全球大部分席位，我国在物联网芯片专利领域，尤其是高精尖领域仍差距较大，在技术推广层面仍存在潜在的法律风险。

二是技术进步风险。云计算、物联网、高性能集成电路等新一代信息技术的不确定性带来了多重风险。从产业发展环节的角度看，一方面，研发环节主要面临研发周期长、研发可能遭遇失败、技术遭到市场淘汰等风险。另一方面，零部件更新速度过快和终端产品的供货时间窗口缩短导致企业前期研发投入不能有效产生利润，或者产品价格下降幅度过快，利润空间受到严重挤压，带来经营风险❶。

而在电商平台领域，人工智能的应用在取得巨大的应用和经济效益的同时，也引发了新的问题。一是算法霸权问题。例如美团外卖配送员"困在算法里"和网络直播的虚假偶像等事件。因此，平台要提高算法的透明性和可解释性，透明性要求算法的编写者将源代码公开，以保证其可以被检验；可解释性要求算法的编写者能向用户解释算法是如何做决策的。但前者涉及知识产权问题，后者涉及算法效率问题。二是隐私保护问题。一些技术掌握者透过网络侵犯他人隐私，个人安全、企业安全都可能受到影响。一方面，许多大型电商平台公司所提供的服务建立在收集并分析大量个人数据的基础之上。不同平台之间存在数据堡垒，即便个人数据的迁移也必须采用手动的方式。随着用户对隐私保护的担忧加剧，如果隐私保护机制不完善，用户就可能对平台失去信任，从而绕过平台，甚至不再使用任何平台。三是不当竞争问题，电商平台发展容易形成赢者通吃局面。大型平台借助其自身营造的网络生态系统吸引流量、汇聚海量数据，进而形成强链

---

❶ 吴善东. 新一代信息技术产业发展趋势展望［J］. 时代金融，2018（33）：3.

接的网络效应，提高了市场进入壁垒及转换成本，造成"赢者通吃"。中小企业获取数据难度大，难以与大型企业抗衡。

当前，我国在软件和信息技术服务业领域总体处于跟跑状态，尤其在基础软件、操作系统、高端工业软件等领域与世界先进水平还存在一定差距，主要面临的"卡脖子"问题总结如下。

（1）数据库管理系统等领域，甲骨文（Oracle）、IBM、微软等美国公司占据了大部分的市场份额，我国国产数据库管理系统尽管一直追赶，但是在稳定性、通用性上依然相对落后。

（2）操作系统领域，个人电脑和手机操作系统以及相关工程软件，长期被谷歌、苹果、微软等美国公司垄断，我国尽管起步较早，但投入严重不足，市场壁垒较高、技术积累不足。

（3）核心工业软件领域，美国对我国的制裁已经延伸至该领域，一些重要的科研和工程开发工具被禁用，这对我国的科研工作已经造成极大不便，我国在该领域尽管起步较早，但投入和重视程度严重不足，对已经形成的市场壁垒缺乏有效进入机制。

四、领域未来发展趋势

全球范围内的竞争形势复杂多变，大国博弈日趋激烈，尤其是美国对我国的遏制和封锁持续加码，影响我国经济发展。随着全球后疫情时代的到来，以软件和信息技术服务业为代表的数字经济率先复苏，展现出了较强的发展韧性和潜力。

　　"十四五"期间是我国数字化战略实施的关键时期，也是新型基础设施建设（简称"新基建"）的重要落地期，在企业数字化转型、国家政策利好和云计算行业加速发展等各方面助推下，企业将完成全面"上云"，国内云计算市场规模将进一步扩大。大数据产业持续获得政府政策支持，我国将向着世界领先数据资源大国和全球数据中心迈进。高性能集成电路产业借助"一带一路""智能制造"等规划政策完成产业强势增长，预计在我国经济发展新动能转换、结构升级的大浪潮中继续保持平稳快速的发展态势。

第九章

人工智能在房地产领域的应用进展

2010—2020年，我国房地产业增加值由2.3万亿增加至7.5万亿元，年复合增长率高达12.5%，房地产业是推动中国经济长期稳定发展的支柱产业之一。然而，随着我国城市化的速度放缓，房地产业的红利时代即将成为过去。根据第七次全国人口普查数据，2010—2020年，我国出生率总体下滑，总人口数增长速度逐渐放缓，10年来平均增长率仅为0.53%。预计到2025年，我国人口增长势头将达到峰值，迈入人口零增长甚至负增长时代。从人口结构来看，我国正在加速步入老龄化社会，预计到2035年，老年人口数量将达4亿。另外，2016—2020年，我国城镇化增长率低于历史平均水平，仅为1.2%～1.3%，2020—2035年预计年均增长1%，城镇化将步入中后期发展阶段。人口红利的逐渐消失正倒逼房地产企业必须利用技术手段降低经营成本。同时，"新基建""智慧城市"等上位政策加速房地产企业的数字化转型。在未来，人工智能的迅速发展将为房地产业生产经营活动带来革命性的转变，成为推动房地产业转型的核心动力。

一、政策分析

自2017年起，国家陆续发布与实施的房地产业相关政策明确房地产业以绿色化、公平化为发展方向，强调房地产业与人工智能等新一代信息技术融合发展，助力房地产业数字化转型（表9-1）。但截至2021年11月，我国尚未专门针对人工智能和房地产业的融合发展出台政策，仍需完善相关顶层设计。

表 9-1　中国房地产业相关政策（2017—2020 年）

政策名称	颁布日期	颁布主体	要点
《建材工业智能制造数字转型行动计划（2021—2023 年）》	2020 年 9 月	工业和信息化部	坚持以供给侧结构性改革为主线，加快新一代信息技术在建材工业推广应用，促进建材工业全产业链价值链与工业互联网深度融合
《绿色建筑创建行动方案》	2020 年 7 月	住房和城乡建设部、国家发展和改革委员会等七部门	提升建筑能效水效水平
《关于新时代加快完善社会主义市场经济体制的意见》	2020 年 5 月	中共中央、国务院	稳妥推进房地产税立法
《建筑业发展"十三五"规划》	2017 年 5 月	住房和城乡建设部	以落实"适用、经济、绿色、美观"建筑方针为目标；深化监管方式改革，着力提升建筑业企业核心竞争力，促进建筑业持续健康发展

二、技术应用现状

人工智能在房地产领域的各个环节中已经取得了广泛应用。

（一）通过人工智能提升土地评估的效率和精准性

现行的城镇土地定级估价和地价动态监测体系存在一定程度的主观性、滞后性和随意性[1]，即便资深房产投资者也依赖于Excel表格、过时的市场数据和"直觉"进行土地投资决策。随着土地招拍挂信息的高度集中，地产数据的公开透明将成为趋势，土地估值将越来越依赖数据和算法。开发商对土地估值的准确性及效率要求越来越高，基于人工智能的土地估值工具将加速渗透市场。目前，基于人工智能的土地估价主要集中于学界，国内外学者使用模糊数学算法、神经网络算法、数字地价模型等对土地估价展开探索，但在行业内仍然以经验和调研为主要估价手段。模糊数学估算法运用系统层次和模糊评价的思想，可以实现土地价格的定量评估，但由于使用了专家评价数据，存在主观干扰。神经网络算法可以揭示数据间的非线性关系，尤其适用于解决不确定性干扰较大的问题，可以应用影响因素复杂的交互过程，但由于神经网络算法是黑箱模型，行业内对其信任程度有限。数字地价模型（Digital land price model，DLPM）通过一组有序数值阵

❶ 李洁茹，张军海，李仁杰，傅学庆. 数字地价模型的石家庄城区地价空间分布规律探讨［J］. 测绘科学，2017，42（08）：60-68，101.

列表示地价高低，是数字高程模型（Digital Elevation Model，DEM）的派生[1]，与房价地图不同，数字地价模型的大量信息来自空间差值，而非实地测量，通过将深度学习算法与土地竞租理论相结合，可以将离散的样本点"连续分布化"。虽然数字地价模型理论的提出时间较早，但目前发展较为迟缓。尤其在中国，房价的非连续性分布和阶跃现象明显，导致模型的准确率并不高。

在国外，已经出现了利用人工智能对土地进行估值的科技房地产企业。例如，荷兰初创公司GeoPhy将包括卫星影像等大数据作为数据输入，并用人工智能算法分析海量数据，从而评估房地产的价值，消除了信息流动的滞后。GeoPhy的估值数据库每日更新，偏差精确到实际价格的5.85%。GeoPhy的算法还考虑了污染、交通选择、年龄、学生和犯罪等因素，为价格驱动因素提供了更多的粒度。与此相比，一些传统评估体系需要数周时间，且与实际交易价格相差数倍。旧金山的房地产评估初创公司HouseCanary基于深度学习算法构建了一套成熟的数据分析体系，可以在极短的时间内评估和预测超过1亿间房屋的价值。House Canary的优势在于为投资人提供避免主观性的决策，并为房地产代理商和客户建立信任关系并进行转换。以色列初创公司Skyline AI能够利用机器学习帮助房地产投资者鉴别有前途的房产，通过引用超过130多个数据源，Skyline AI可以从过去50年中的每一个房产数据中提取出超过10000条数据特征，并将这些信息全部汇编进数据库，通过交叉引用的方式比较数据间的差异，以便投资方得到最准

---

[1] 孙钰瑶. 云南省住宅地价与房价时空联动研究［D］. 云南财经大学，2021.

确的信息并做出科学合理的决策。相对而言，我国的土地价值评估远比美国、英国等国家复杂，因此我国在基于人工智能的土地估值中仍缺乏有影响力的落地应用，但可以预见的是，未来自动评估模型的即时结果将对我国房地产企业拿地产生极为重要的影响。

（二）基于大数据和隐私计算洞察客户需求

过去，房地产企业难以获得真实、全面和实时的消费者数据，导致在选址拿地、营销策划、广告触达等方面浪费大量资源。目前，房地产企业正从海量沉淀的行为数据中挖掘和学习客户需求，实现数据驱动的精益增长。商业地产对大数据的需求最为迫切，因为如果缺少深入的洞见和科学的依据，可能导致整个商业项目失败。以百度地图慧眼、城市地图（Data Dance）、袤博科技"智图"为主的一批应用，通过汇集手机信令、热力图等大数据，对商圈周边的人口、客群画像、消费偏好、购买力进行洞察分析，实现对商业业态的精准定位，并给出租金、消费者潜在需求、商业档次、辐射范围的解决方案。

虽然用户数据对于洞察市场趋势具有重要意义，但用户隐私安全为利用数据提出了挑战。为保护用户隐私，以隐私计算为代表的数据安全技术将有望成为数字经济领域的新型基础设施。隐私计算是在隐私不被泄露、数据所有权不转移的前提下，使多方数据参与流通、计算等任务，主流技术焦点涵盖安全多方计算、联邦学习、差分隐私、可信执行环境等。虽然目前少有房地产企业基于隐私计算处理用户数据，但这未来可能成为房地产领域的重要数据流通方式。

（三）人工智能辅助规划和建筑方案设计

用地集约利用对地产开发商的产品配比设计提出了更高的要求。产品配比是指在一个项目或一个地块里，应当排布哪些产品，并以怎样的比例去搭配。由于每个产品的售价有高低之分，所以产品配比的不同会导致利润千差万别[1]。同时随着产品种类的增加，其排列组合方案也呈几何级数的增长，即便一个10万平方米的项目也存在上千个有效方案，加上细节调整，业务量将更高，人工基本无法通过穷举解决问题。传统的配比规划方案多属于"先画后算"的"试错法"，极度依赖工程师的个人经验，且开发周期较长。人工智能方案设计引擎为解决方案配比问题提供了机遇，目前人工智能方案设计有两种模式，一种是通过穷尽不同条件下的所有极限方案，基于非线性多目标规划、旋转碰撞等算法进行效益排序，从而获得效益最优的方案，策地帮AI是这方面的代表应用。另一种是将建筑设计语言数字化，将建模结果不断反馈至项目的各个阶段，人工智能充当辅助建模的角色，库晓地产AI是这方面的代表应用。项目设计的智能化会极大地促进业务部门降本增效。对于重复和标准化的规则，利用人工智能的学习能力和标准化的执行能力，可使方案的质量和效率达到最优。

在建筑工程设计方面，不少企业以绿色节能为主攻方向开发人工智能应用。智能软件Gridium通过分析智能电表的费率变化和天气变

---

[1] 侯文云. AI测算与设计辅助地产开发的利润"魔术师"——浅谈AI技术在建筑设计中的应用与未来 [J]. 中国勘察设计，2019（08）：46-51.

化的信息，以节省资源消耗。Gridium允许用户做出明智的决定并查看其支出的真实情况，据统计，Gridium的应用平均节约了2%~4%的能源消耗。

（四）建筑机器人代替人力高效、安全施工

根据麦肯锡公司一项调查显示，工程建造领域的数字化水平远远落后于制造行业，仅高于农牧业，排在全球国民经济各行业的倒数第二位。劳动生产率低下是造成上述现象的根本原因，在未来，建筑机器人和监工机器人将有助于缓解这一问题。

建筑机器人指一系列可取代或协助人类完成建筑施工的机器设备。碧桂园集团是该方向的龙头企业，其生产的铺砖机器人、喷涂机器人、墙面贴砖机器人已经被应用于房屋建设中，与人力相比效率可提升150%~400%，并且提高了施工质量。但总体来看，全球建筑机器人发展尚处于萌芽期，各类建筑机器人并未实现规模化应用，国外建筑机器人厂商起步较早，旗下产品已初步实现商业化应用。国内建筑机器人行业发展水平仍较为落后，市场参与者不多，且竞争集中度较低，在功能全面性及适用场景多样性等方面不及海外产品，无法满足建筑工程施工需求。此外，除传感器外，伺服电机、减速器等建筑机器人核心组件对海外产品高度依赖，这是制约中国建筑机器人行业发展的主要因素之一。

工程进度和工期管理也是建筑施工的重要环节，但由于建造的时空跨度较大，进度和质量的实时反馈机制非常不完善，且建筑承包

商常常按不同的时间表工作，无法保证信息的充分获取和及时沟通，产生的争执造成工程资源和时间的极大浪费。目前，人工智能巡检（ALT）正尝试给出解决方案。为获得施工进度和质量的实时反馈，美国初创公司Doxel打造了一款监工机器人，它可以代替管理人员监督工程的实施进度。Doxel机器人每天使用雷达和高清摄像头扫描建筑现场的施工状况（地面机器人进行室内扫描，无人机进行室外扫描），再通过专有的人工智能算法处理视觉数据，从而分析各个环节的完成进度。将施工进度与项目预算进行对比，又可进一步给出当前的成本投入、生产方案调整等信息，以及预测项目的完成时间。除此之外，Doxel机器人也会根据扫描数据检查施工质量，识别异常的建设信息并实时反馈。

传统的项目缺陷检查需要拍摄上千张图片以便进行缺陷评估，即使不考虑人眼因为疲劳而出现误判，也存在一些仅通过肉眼无法准确判断的缺陷。新加坡的Aerolion Technologies公司基于无人机检查施工项目的缺陷，首先Aerolion Technologies运用施工质量评估数据库进行模型训练，随后将模型运用到实际的工程场景中，只需要通过图像分析，就可以在极短的时间内自动检测并识别缺陷，显著提升检查效率。

（五）智能客服极大节约人力成本

目前房地产企业囿于数字化能力有限，在信息共享、认筹认购和不动产估值等方面均存在难以自主化的问题，大多数房地产企业仍需借助互联网企业的帮助。为提供实时的在线服务，客服机器人和AR/VR看房的功能越来越重要。客服机器人基于语音识别、自然语言处理、语音合成等人工智能技术，替代人工客服与客户交流，实现24小时全天候待机，在提升客服应答效率并简化客服流程的同时降低企业人工客服成本支出。目前，我国客服机器人行业发展较为成熟，市场呈寡头垄断趋势，小i机器人、智齿科技、追一科技、云问科技占据市场主导地位，但专门针对地产商的客服机器人还较少。目前，国外已经出现了专门针对房产咨询的聊天机器人，例如加拿大的人工智能聊天机器人Roof.ai可以回答客户提出的棘手问题，其房产知识的专业性远高于普通的聊天机器人。美国的人工智能聊天机器人Apartment Ocean帮助房地产经纪人转化潜在客户，该聊天机器人主要服务于首次联系的客户。该企业发现，客户在首次联系房地产公司时的问题具有极强的规律性，大部分问题无须花费思考和时间就可以立即生成答复。通过提供接近人工的自动化服务，Apartment Ocean可以迅速获得客户好感，从而将大量潜在客户转化为忠实的顾客。随着AR/VR技术的不断成熟，越来越多的房地产中介开始推出AR/VR看房服务，以贝壳找房、安居客、58同城为首的一批房地产中介平台开始将AR/VR看房纳入重要战略布局，未来线上看房将更为普及。

也有一些企业基于人工智能提供个性化的看房服务，通过充分获取用户信息，并基于算法对用户进行个性分析，提升房源投放的精准性。美国得克萨斯的购房平台HomLuv使用人工智能了解用户的房屋设计风格偏好，以此帮助用户网罗全美国的个性化新房产。用户可以查看新房的照片、视频和平面图，并添加到收藏夹中。HomLuv会根据用户的收藏夹为其创建个人资料，进而将用户与不断更新的新房进行匹配。HomLuv前瞻性的视觉设计方案为买家和房地产开发商提供了一种共享语言，消除了双方的信息不对称，简化了购房流程并为两者创造了良好的体验。纽约的租房公司PropertyNest可以利用人工智能算法对用户的信用进行考察，进而帮用户找到最合适的房源，用户需要提前将收入、工作等信息输入系统，当用户找到自己喜欢的公寓时，算法会告诉用户获得批准的可能性，极大增加了选房效率。蒙特利尔的房产公司Nobbas将选房过程娱乐化，用户只需要向左或向右划动屏幕，就可以让人工智能了解自己的喜好，经过一定的训练，人工智能会从这些房源中为用户推荐符合用户兴趣的房产。房屋采光一直是影响用户选择房屋的关键因素，过去检查房屋采光的唯一方法是现场考察。纽约的房屋租赁和销售平台Localize基于大量算法测算每间公寓一年内接收的采光量，甚至可以测算阳光穿透房间的时间，为用户提供了全面的采光信息。国内的自如、安居客等平台也开始布局个性化匹配系统，但成熟的应用较少。

（六）物联网助力智慧物业建设

智慧物业是指通过人工智能物联网硬件、大数据等技术，实现小区内部管理的有序化、高效化和集约化，通过线上线下相互协同，对消防、安防、能源、停车、环境等基础物业服务提供管理支持。博思慧眼系统基于视觉感知技术，实现了高空抛物的自动识别，既减少了高空抛物的事件数，也为受害者向侵权人索要赔偿提供了证据支持。

Hemlane物业管理平台允许出租房产的业主远程管理他们的房产，解决了新冠肺炎疫情期间房东和房客的接触问题。另外，该平台为业主提供租赁和维护管理工具，租客可以利用这个平台向房东发送信息、请求维修、在线支付租金。围绕智能楼宇管理，IBM推出了TRIRIGA系统，TRIRIGA通过人工智能有效管理办公空间。该系统可以监控办公大楼和工作空间的使用率，捕获和分析数据以做出最具战略性的空间决策，并调整空间大小，根据社交距离制订适当的楼层规划，改进租赁管理以适度调整空间大小，降低成本并分析财务影响，打造合适的工作场所体验。

三、存在的问题及挑战

虽然人工智能在房地产领域获得了大量应用，但仍存在三点问题。

一是人工智能在房地产业中的定位不够清晰，缺少可持续的盈利机制。人工智能对于房企降本增效具有一定帮助，但对于业务收入的影响并不清晰。从2018年开始，我国房地产龙头企业在人工智能领域已经开始积极布局，但尚未出现盈利模式清晰、科技含量高的"拳头产品"，不少想法仅停留在概念层面，缺乏落地性，人工智能如何赋能房地产企业转型的机制依旧不够清晰。

二是可用于洞察市场需求的用户数据依旧较为缺乏。受隐私保护、商业竞争等条件限制，房地产企业常常难以获得反映用户住房需求、办公需求、商业需求的行为数据，导致模型训练难以持续。例如，在土地估值中，如何构建特征数据是人工智能在房地产估价领域应用中的最大障碍，数据缺乏导致以深度学习为代表的人工智能技术在估价领域难以获得直接应用。

三是缺少人工智能应用于房地产领域的顶层设计和相关政策。目前，中央和地方尚未出台人工智能应用于房地产领域的政策，对行业系统性、方向性的指引不够。

四、领域未来发展趋势

（一）智慧城市成为房地产业发展的新业态

当前，我国城镇化进程到达S形曲线拐点，在"住房不炒"、存量规划和土地高效集约利用的政策导向下，传统粗放式的"快速拿地、迅速出卖"模式正变得不可持续，房地产企业需由"圈地"向"治地"转型，着重于后期的治理和服务。智慧城市基本成为大部分房地产商在转型方向上的共识，跨行业协作生态共荣成为房地产企业的共同选择。在房地产企业的转型过程中，以下八大能力将成为关键竞争力[1]：一是物联感知能力，通过布局人工智能物联网硬件采集城市"脉搏"数据。二是全要素数字化表达能力，构建数字化建筑语义，实现

---

[1] 资料来自中国信息通信研究院《数字孪生城市白皮书（2020年）》.

物理小区与数字小区的精准映射。三是可视化呈现能力，渲染数字空间效果，实现数字社区的人机交互。四是数据融合供给能力，对多源异构数据进行治理，推动数据资源高效利用。五是三维时空分析计算能力，呈现广域范围内的时空变化规律。六是模拟推演能力，提前洞察居民的生活习惯，设计最优的住房供给和治理方案。七是自学习自优化能力，基于深度学习算法，自动生成项目方案。八是众创拓展能力，发挥公共服务平台属性，支撑居民共治。

（二）人工智能变革传统房地产业业务模式

传统的以看房、购房和交房为核心的房地产交易模式正悄然发生变化，人工智能和大数据技术的广泛应用推动了新型房地产业业务模式的局部变革。当前，共享办公成为商业地产的热门方向。传统办公地产模式以固定空间为产品，将场地整块租给企业或个人，企业除了支付较高租金外，还需自行承担办公区域的管理成本，增加了负担。共享商业地产公司则提供以工位为单位的灵活租赁产品，为租客提供办公空间共享服务，将租客的固定办公成本转变为精细到人员的可变成本。赚取租金差是共享办公模式的主要盈利模式，人工智能是关键能力。以WeWork为例，WeWork的办公空间布置大量传感器，收集租客在私人办公区域和公共区域之间的行为数据，并通过机器学习最大化使用效率。在会议室建造方面，WeWork通过收集现有建筑布局和行为数据，对会议室的使用情况进行预测，从而确定会议室空间布局。在线房屋交易平台兰蒂斯（Landis）的业务模式是将居民想买的房子买下来，并租给居民，并在居民拥有足够房款的时候交易给居民。大数据分析在Landis寻找市场外部房产中起到了重要作用，通过大数据分析，Landis可以迅速抢占传统房产经纪人花费数月才能找到的买卖机遇。商业房地产评估服务商Bowery Valuation基于自然语言处理技术采集综合数据集，构建自动化的房地产评估工具，有效提升房地产流转效率，简化商业房产评估流程。

（三）多样化住房需求催生房地产新产业

当前，统一、刚性的住房供给已经难以满足客户多样化的住房需求，以养老地产、教育地产、旅游地产为代表的特色房地产新产业面向特定用户提供多样化的住房需求。第七次全国人口普查数据显示，我国60岁及以上人口数量为2.64亿，占比18.7%，人口老龄化是我国当前社会发展的重要趋势，也是今后较长一段时期我国的基本国情。目前，虽然我国养老地产需求旺盛，但仍处于起步阶段，且项目分布不平衡，养老地产项目空置率较高，但优质养老机构"一床难求"，呈两极分化现象，其重要原因在于养老地产对空间环境要求较高，拥有优质环境的养老机构数量较少。地理空间智能（Geospatial AI）为优化养老机构空间配置提供了思路。地理空间智能基于地理信息技术和人工智能，可以对不同场景下的空间资源实现最优配置，帮助用户做出决策。目前，万科、保利、绿城、远洋地产等房地产企业正积极探索使用空间智能规划养老地产项目。

10

人工智能在体育领域的应用进展

体育是人类社会化进程中的产物，符合人类追求精神文化进步的需要，是促进文化繁荣、经济发展的重要抓手。国家"十四五"规划中，明确提出建设体育强国。

作为第四次工业革命的核心驱动力，人工智能已经深刻改变了人们的生产生活习惯，其支撑下的数字化改革进程正在逐渐重塑社会治理体系，而体育发展范式也在第四次工业革命浪潮中被重新定义。

一、政策分析

2014年起国家层面出台相关文件强调科技与体育的融合发展，例如2014年国务院印发的《关于加快发展体育产业促进体育消费的若干意见》（国发〔2014〕46号）提出采用技术提升体育用品质量与科技含量，2016年国务院印发的《全民健身计划（2016—2020年）》提出提高全民健身方法与手段的科技含量等要求。2019年起，随着人工智能的兴起，我国开始意识到人工智能及其与体育的融合应用的重要性，随之出台相关政策，鼓励人工智能与体育融合发展。例如2019年

《体育强国建设纲要》提出要实现人工智能与体育实体经济融合发展，支持智能体育装备的研发与制造，加强场馆智能化升级改造与智能化科学训练基地建设。2020年9月，中央网信办信息化发展局等八部委相关部门发布了国家智能社会治理实验基地入选名单，其中体育类特色基地被纳入遴选范畴，以期总结形成人工智能在体育领域应用的经验规律和理论、标准规范、政策措施、治理机制等。

下文以人工智能在体育领域的应用为主线，分别介绍了人工智能体育应用沿革、当前人工智能在体育领域的最新应用进展，并结合案例介绍人工智能体育面临的问题与挑战，最后对未来人工智能在体育领域的应用提出了进一步的展望。

二、技术应用沿革

相比于交通、医疗等其他商业领域，目前人工智能在体育领域的运用相对滞后，但体育自身发展进程相比于以往也已发生较大变化。人工智能对体育领域的影响广泛且深远，分布在竞技体育、学校体育和大众体育等各个方面❶，推动体育竞技水平不断提升、体育文化传播更加广泛、体育活动组织更加高效、体育教学更有成效，改变体育领域的传统发展模式。

---

❶ 杨楷芳，马苗，黄聪. 智能体育工程发展综述 [J]. 计算机技术与发展，2021，31（03）：1-7.

　　体育领域人工智能的运用也随着信息技术的快速发展而不断进步。有学者通过对1995—2020年的体育人工智能的期刊文章中的关键词进行分析，将人工智能在体育领域的应用由远及近分为简单活动识别与能量消耗测算、运动画面分类研究、体能与技战术分析与预测、动作分析与损伤预防研究、复杂背景中人体动作识别这五个由简单到复杂逐步进化的场景❶。而随着人工智能硬件和算法不断升级迭代，统一场景下的人工智能解决方案的有效性也在不断提升。

　　2020年上映的电影《夺冠》中描述了早在20世纪80年代，美国女子排球队就已可以通过计算机分析每一个运动员的打法，这是人工智能应用于体育领域的早期雏形。在球类比赛中广泛运用的"鹰眼"技术，通过高速摄像头多视角同时捕捉球体飞行轨迹，瞬时精准计算运动路线及落点并即时成像❷，是早期人工智能解决方案代替人眼实现高精度判断的典型运用。该技术最早运用于板球和网球领域，随后随着深度学习的技术发展，逐渐推广到排球和羽毛球等运动当中。近期面世的全球首款人工智能乒乓球发球机器人庞伯特，从起初的传统发球机进化到具备球拍接发球的深度学习模型，能够通过学习实现国家队级别教练的发球，揭示了人工智能在体育领域的运用进入了新纪元❸。

　　另一个发展趋势是相比于以往的纯"软件"模式，应用于体育领

❶ 路来冰，李小龙．人工智能技术在国际体育运动领域的聚类与演化［J］．山东体育学院学报，2020，36（03）：21-32.

❷ 李金航．奥运一课"鹰眼"辅助人眼 毫厘之间定胜负［EB/OL］．（2021-07-30）［2021-10-12］．https://www.ccdi.gov.cn/special/ayh/ayjrt_ayh/202107/t20210730_247243.html.

❸ 虎嗅APP.你已经接不住机器人发的乒乓球了［EB/OL］．（2021-05-31）［2021-12-12］．https://finance.sina.com.cn/chanjing/cyxw/2021-05-31/doc-ikmxzfmm5744055.shtml.

域的人工智能解决方案逐渐向"软件+硬件"模式转变，即"人工智能硬件+认知计算"，例如基于惯性传感器的智能穿戴设备、基于图形处理器的计算机视觉分析[1]和基于深度学习的自然语言处理，共同构成智能体育发展的驱动力。

可以看出，人工智能在体育领域的运用从早期关注机器学习以及机器学习的典型算法——人工神经网络，到之后智能感知与知识计算等人工智能技术运用于运动场景识别和计算分析，人工智能技术的升级极大拓宽了体育领域的研究视野，推动体育事业迈向数字化发展的新时代。

三、技术应用现状

体育属于社会的组成部分，与人体活动紧密联系，因此人工智能在体育领域的运用与对人体活动的捕捉、理解和分析息息相关。本书以人工智能对体育角色的辅助或替代作用为划分依据，认为体育人工智能应用可分为面向教练员的科学训练辅助、陪练机器人、战术优化分析，面向运动医学的运动损伤预防，面向比赛裁判的智能裁判和辅助判罚，面向体育媒体的精彩赛事画面识别以及面向健身教练的虚拟运动场景互动。

---

[1] 路来冰，王艳，马忆萌. 基于知识图谱的体育人工智能研究分析［J］. 首都体育学院学报，2021，33（01）：6-18.

（一）人工智能＋教练员

教练团队是保障运动员训练水平和成果的核心要素，教练员通常承担陪练、训练、敌我分析等职能，工作量巨大。人工智能为教练员提供的支持包括科学训练辅助、智能机器人陪练和团体运动的战速优化分析，有效协助教练员开展科学训练、解放部分重复性工作，帮助运动员提高训练效果。

1．科学训练辅助

2020年东京奥运会的赛事中，共有22项世界纪录被打破，运动员技战术水平屡创新高，而这离不开先进技术和科学训练方法的加成。人工智能辅助运动员训练管理的两个主要措施分别为辅助分析运动员技术动作和科学预防伤病。

运动员在日常运动训练中，对技术动作的精确度要求极高，因此需要有高精度的设备系统协助其对技术动作进行识别和分析。人工智能辅助分析主要通过跨媒体分析推理技术构建超越人类感知能力的视觉获取手段，呈现人类"看不清""看不准""看不到"的内容。在实际应用中，一般首先通过高速摄像机和对应的重建算法对高速运动视频进行智能采集，并实现视频数据智能整理。其次通过三维视觉技术和深度神经网络技术使采集到的二维视频投射出三维的姿态，把运动过程的一系列动作定格到三维空间上，还可以自由旋转观看。最后利用深度学习算法识别运动轨迹和姿态，利用海量视频数据对智能评估系统进行训练，对标最佳水平或技术标准，生成个性化的改进策略，帮助教练员实时调整训练方法，提升训练效率和效果。该类别人工智能技术已经应用于跳水❶、自由式滑雪❷等项目的训练当中。

2. 智能陪练机器人

发球机很早就被运用于以乒乓球为代表的球类运动的日常训练当中，但是传统发球机器人发的球旋转、球速、方向都不会变化，无法实现预期训练效果，而现今的陪练机器人在人工智能加持下被赋予了更多的"智慧"。当前乒乓球机器人分类两类，一类是以发球训练为核心功能，另一类是以对打训练为核心功能。

智能发球机器人的两大技术关键是对乒乓球运动轨迹进行高精细度的捕捉和实时采集，以及模拟多变的发球路线、速度、旋转。这对整套解决方案都提出了很高的要求。以全球首台乒乓球发球机器人庞伯特为例，其采用了能够同时支持5G和人工智能的高通机器人RB5平台。平台包括集成了八核CPU、GPU、多个数字信号处理器（包括计算、音频和传感器）、图像信号处理器的QRB5165处理器，以及每秒可进行15万亿次计算的高通人工智能引擎，处理速度可达20亿pixel/s，能够快速且全面地满足机器学习的大量推理需求。RB5平台配有5G网络模组，满足乒乓球机器人对数据通信低时延的要求，实现后端实时反馈运动员接发球的质量（图10-1）。

另一款可以对打的乒乓球机器人FORPHEUS则主打其"主动学习+综合推理"的人工智能技术能力（图10-2）。FORPHEUS能够通过对

---

❶ 马爱平. 国家跳水队请来人工智能做教练［EB/OL］.（2021-05-17）［2021-10-12］. http://finance.people.com.cn/n1/2021/0517/c1004-32104988.html.

❷ 热点科技互联. 当体育遇见人工智能，小冰开启行业新想象［EB/OL］.（2021-01-12）［2021-10-12］. https://baijiahao.baidu.com/s?id=1688645645245351631&wfr=spider&for=pc.

图10-1 智能陪练机器人●

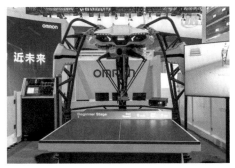
图10-2 欧姆龙第五代FORPHEUS乒乓球机器人❷

打来记住球手的特征，随之通过人体信息、球的轨迹、球拍挥舞方式等对球手的水平进行判断，并基于自己积累的数据进行自我学习，通过改变回球方法选择更为适合球手实际情况的方式进行对打，逐步提升球手的球技水平。在高精度算法加持下，FORPHEUS检测乒乓球的速度和旋转已经从过去每秒钟80次进化到每秒220次，计算误差可以小于5毫米❸。正在研发的第六代FORPHEUS将聚焦情绪感知能力，依托图像传感器捕捉一系列表情、视线、心率等人体信息，评估人类球手的技术水平和情绪状态。同时搭载的Meta-AI技术将分析并制订可以调动球手情绪的回球与对打计划，提高人机互动趣味性❹。

❶ 智能巅峰. 会打乒乓球的机器人！[EB/OL].（2021-10-13）[2021-10-13]. https://www.163.com/dy/article/FQF5SBJ20511PT5V.html.

❷ 欧姆龙自动化（中国）有限公司官网. "享智动·近未来"欧姆龙携全新自动化技术亮相第二届进博会 [EB/OL]. [2021-10-13]. https://www.fa.omron.com.cn/info/18234.html.

❸ 王荣辉. 能打旋转球了 欧姆龙乒乓球机器人亮相进博会 [EB/OL].（2019-11-05）[2021-10-13]. https://cloud.tencent.com/developer/news/467962.

❹ 环球Tech. 欧姆龙第六代FORPHEUS乒乓球机器人将亮相进博会 [EB/OL].（2020-11-02）[2021-10-13]. https://www.sohu.com/a/428941104_99900743.

两类机器人可满足不同类别的用户的需求，发球机器人可以解放重复性较高的陪练工作，使教练员能够更多地观察运动员的技术动作，提高训练效率。对打机器人可以通过高质量的人机互动，增强人机互动的趣味性，提高大众对于体育运动的热情。

3．战术分析优化

2017年是人工智能影响力快速扩大的一年，谷歌旗下公司DeepMind的人工智能程序AlphaGo Master，击败了当时排名世界第一的世界围棋冠军柯洁。同年DeepMind在《自然》期刊发表论文，公布了AlphaGo Zero，其仅仅经过21天的自己与自己对战之后，击败了此前利用人类棋谱学习的AlphaGo Master，自此人工智能证明了自己具有的无限可能，也让人发现人工智能需要依托现实世界实现更快的发展。

当前人们逐渐把目光投向了场地、参与人、运动路线等要素环境都更为复杂的球类运动领域。足球的游戏规则比其他球类更复杂，它是户外的、高度动态的运动，具有更大的球场、更多球员参与、更长不间断比赛时间、较少球员更换等特点。因此相比于篮球、棒球、网球其他球类几十年前就开始利用数据进行预测分析，足球这项运动近几年才刚开始向大数据科学靠拢，计算机视觉、统计学习、博弈论等近年来已经被证明能够为管理层、教练和球员的决策提供有效支持。

DeepMind已经和英超球队利物浦俱乐部合作，探索人工智能在足球领域的应用。研究团队聚焦统计学习、计算机视觉和博弈论的交叉研究等足球人工智能技术前沿，例如博弈论与机器学习结合的用于学习在其他代理存在的情况下做出有效决策的智能系统，研究的长期目标是开发一个可以理解足球比赛，并且指导球员的自动视频助理教练。例如博弈论模型可以用于分析点球时球员射门选择，研究发现一个群体更喜欢射向球门口的左角，而另一个群体则更倾向于射向左右两个角；生成式轨迹预测或者幽灵模型用于提出备选的球员轨迹，获得对比赛过程的关键洞察[1]（图10-3）。

图10-3　人工智能辅助足球战术优化

Second Spectrum 比赛分析系统

来自美国洛杉矶的篮球数据分析公司 Second Spectrum 推出了一款系统，可运用计算机视觉等人工智能技术直接从美国职业篮球联赛

[1] TUYLS K，SHAYEGAN，OMIDSHAFIEI，et al. Game Plan：What AI can do for Football，and What Football can do for AI [J]. *Journal of Artificial Intelligence Research*，2021（71）：41-88.

（NBA）比赛视频中提取出大量数据。并通过"时空模式识别"的算法，识别球员在球场上执行的战术特征。Second Spectrum 的系统能学习球员的精确移动，识别打法变化及篮球运行轨迹。以挡拆为例，人工智能可分辨持球者是否需要队友的掩护，掩护者是应当挡拆后切入还是掩护后切出。该系统还能结合持球球员及其他数据（进攻动作、防守者位置、球员历史定点命中率等），通过建模预判一个球员在特定区域的投篮命中率，一旦球不能被投进，还可预判篮板球的落点和谁将抢到篮板球。该系统能辨认挡拆、双掩护等 500 种篮球战术，只需几秒钟就能读懂对方的比赛策略并预测趋势，并借由视频的解析帮助球员提高临场判断能力。Second Spectrum 通过人工智能将预测球场上"因为实施某种技战术而产生固定的结果"变成了可能 [1]（图 10-4）。

图10-4　Second Spectrum 计算不同篮球球员出手的命中率[2]

---

[1] 品途商业评论. AI留给教练的时间已经不多了［EB/OL］.（2020-12-17）［2021-10-12］. https://finance.sina.com.cn/tech/2020-12-17/doc-iiznezxs7358428.shtml.

[2] HyperAI超神经. NBA 的训练黑科技，CBA 也可以试试［EB/OL］.（2020-09-17）［2022-01-20］. https://blog.51cto.com/u_14929242/2534502.

相比于其他体育领域，用于战术分析的人工智能更类似于类脑智能与群体智能，是人工智能2.0时代的发展前沿，同时考虑到伦理问题，该项技术在实际社会中的运用仍在发展过程中。

（二）人工智能＋运动医学

以知识计算引擎技术为代表的人工智能技术对于运动损伤预防具有重要应用意义。人体是一个极其复杂的系统，会同时受到自身和外部环境影响，且在时刻动态变化中微妙地保持一个稳定状态，但这种稳定状态也很容易被打破，且难以解释，运动损伤就是一个难以解释的现象。运动损伤通常是由包括内外部因素在内的多因素共同导致的，传统的统计学方法难以应用于解释运动损伤的作用因素。而基于神经网络与深度学习的模型可以分层地捕获复杂的模式，通过数据驱动的学习过程识别变量，从而建立复杂系统模型[1]。

人工智能对于运动损伤预防的另一个视角是评估运动员受伤的风险，例如根据运动员步态进行疲劳分析[2]，提前预测损伤。巴塞罗那足球俱乐部曾构建了一个决策树分类器模型，根据一个球员最近的训练工作量来预测他是否会受伤。测试结果显示，决策树分类器可以以50%左右的准确率预测80%的损伤，有助于俱乐部有效控制伤病，减

---

[1] KAKAVAS G，MALLIAROPOULOS N，PRUNA R，et al. Artificial intelligence：A tool for sports trauma prediction［J］. Injury，2020，51：S63-S65.

[2] TUYLS K，SHAYEGAN，OMIDSHAFIEI，et al. Game Plan：What AI can do for Football，and What Football can do for AI［J］. Journal of Artificial Intelligence Research，2021（71）：41-88.

少赛季中的医疗开销❶。

　　此外，机器学习所需的数据也越来越依靠人工智能硬件的支持。人工智能芯片的发展推动新型传感器件的研发，其中的典型应用即可穿戴设备，可通过人工活动感知，连接、计算等实现运动员活动数据收集，这为进行运动损伤风险评估或预测的机器学习算法提供更庞大的数据规模支持。可穿戴智能设备目前已经被广泛应用于各项运动的人体活动监测，并与机器学习等人工智能技术结合使用。例如已经投入生产的一款"数据统计紧身衣"，通过安装在球衣内的传感器追踪运动员的肌肉、心脏、神经等器官和组织的运作方式，实现训练过程数据同步采集。随之连接以往的运动数据，计算出一套最适合该球员的运动方式❷（图10-5）。

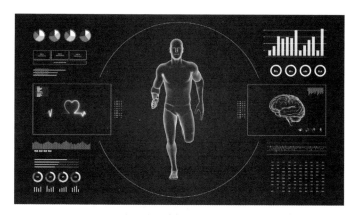

图10-5　人工智能身体状态分析

❶ ROSSI A，PAPPALARDO L，CINTIA P，et al. Effective injury forecasting in soccer with GPS training data and machine learning［J］. PLOS ONE，2018，13（7）：e201264.

❷ 筱枫篮球. 疯狂！NBA将引进人工智能？微软或投资联盟，NBA科技时代要来了！［EB/OL］.（2020-04-17）［2021-10-12］. https://www.sohu.com/a/388823878_120363969.

（三）人工智能 + 比赛裁判

在赛事判罚辅助方面，以视觉感知和智能计算为主的人工智能技术已在球类运动、田径、竞技体操等具有明确规则的比赛项目中被广泛运用，用于观察人类肉眼更难感知到的画面。比赛中人工智能裁判的一项重要工作是捕捉、记录运动动作，根据基础标准进行评分。与之前用于辅助运动员训练的人工智能类似，辅助裁判的人工智能同样多为对高速运动物体或人体动作的捕捉，尤其是对于复杂环境、目标被遮挡、超出摄像头视线等情况，需要通过智能计算进行大量数据训练，推测目标运动的轨迹。"鹰眼"系统、视频助理裁判（VAR）（图10-6）等都运用了视觉定位、语言与知识理解等人工智能技术。并且随着人工智能不断迭代，以自监督学习为代表的新一代人工智能，能够赋能计算机视觉领域，完成相对位置预测、运动方向预测等任务，

图10-6 视频助理裁判

"鹰眼"系统也随之不升级，并被逐渐推广到羽毛球、足球、游泳等运动当中。人工智能在跟踪运动员的表现和各类型动作方面发挥着越来越大的作用。

在对动作进行评估打分方面，人工智能裁判可能会比人类裁判更准确，并且不像人类那样容易受到主观意志的影响。2021年举办的东京奥运会首次采用了人工智能评分系统来评估运动员的技术动作[1]。

展望未来，由于跳水项目的环境相对简单，跳水有望成为第一个使用智能裁判进行自动评分的体育项目[2]。但不得不承认的是，人工智能在比赛裁判中所体现的技术先进性略微落后于战术分析、培训等其他体育领域，并且裁判在比赛中的作用距离被人工智能所取代还相当遥远。

AI 评分辅助系统 [3]

东京奥运会在体操项目上引进了由日本富士通公司开发的 AI 评分辅助系统。该系统的人工智能主要用于审查选手在比赛过程中的

[1] 中国安防行业网. 东京奥运会上 人工智能助力体育赛事开展［EB/OL］.（2021-08-30）［2021-10-14］. http://news.21csp.com.cn/c15/202108/11408782.html.

[2] 神译局. 如果奥运会的裁判都是 AI，会更公平吗?［EB/OL］.（2021-08-31）［2021-10-14］. https://www.36kr.com/p/1371012601295744.

[3] 脑机接口与混合智能研究小组. AI评分辅助系统在2021年东京奥运会上的应用［EB/OL］.（2021-08-05）［2021-10-12］. https://www.scholat.com/teamwork/teamwork/showPostMessage.html?id=10273.

姿态动作，通过向选手的身体及其周边投射红外线来追踪运动员的动作，并且将其实时转换成三维立体图像，以该图像为基础，可以对运动员身体的旋转和扭动等动作做出分析，并结合过去的比赛数据，遵照评分标准，判断运动员技术动作的完成度，辅助裁判评估，并将捕捉的图像清晰地呈现给观众。用人工智能进行评判，可以大大降低判罚不公等情况。

（四）人工智能＋体育媒体

人工智能减少了体育赛事组织的人力成本，提高了赛事的观赏性。体育媒体需要对赛事视频进行人工识别和剪辑，以向收看直播的观众呈现精彩的比赛瞬间，同时及时撰写体育赛事新闻稿，第一时间传递比赛结果。当前机器人写新闻在国内外各大知名体育媒体中已成为常态，并且写作速度和报道速度远超人工采编，国外有美联社WordSmith、华盛顿邮报Heliograf、纽约时报blossom，国内则有新华社"快笔小新"、第一财经"DT稿王"、今日头条张小明（xiaomingbot），极大地提高了文字新闻传播的效率。

如果说机器人写作是弱人工智能，那么人工智能自主识别、归类和标注视频以及图片则是在机器人写作基础之上的又一次升级，在当前以短视频传播为主流媒体的时代，可以有效提高体育媒体工作效率。腾讯体育与IBM合作开发的"IBM AI Vision视觉大脑"技术，首先采用了多模态深度学习建模技术，通过对人脸、声音、表情和动作进行分析，结合人与物体的运动关系，"读懂"篮球比赛的逻辑。其次该技术能将自主学习成果生成神经网络，迅速识别、标注、评分和剪辑数百万分钟的视频，形成结构化数据。最后，该技术能生成主观情绪，例如霸气、稳定等主题，找到对应的视频素材，进行剪辑配乐❶（图10-7）。

图10-7 人工智能媒体视频创作

（五）人工智能＋健身教练

2019年新冠肺炎疫情的暴发，让人们的居家时间延长，居家健身逐渐成为一种新常态，在此背景下，一款大众健身领域的名叫"智能

❶ 贾志新. 助力腾讯体育 IBM借助AI提高你的观赛体验［EB/OL］.（2018-06-13）［2021-10-13］. https://weibo.com/ttarticle/p/show?id=2309351000894250397601624708.

健身镜"的产品成为当前"人工智能+健身"的最新产品，满足了人们居家健身对教练指导的需求，市场反响积极。该产品主打"硬件+内容+服务+人工智能"模式，可以评估用户健身效果并提供专业指导，解决了健身教练不专业、健身服务供给不足的问题。

该产品中的人工智能解决方案被称为真实世界环境下的情景理解及人机群组协同。核心技术是利用3D摄像头和姿态识别算法抽取人体动作模型，将非完整、非结构化的数据处理成结构化数据，跨越了非结构化数据与语义知识间的鸿沟，与已经置入系统的专业教练级别标准姿态模型进行比对并给予反馈。目前智能健身镜已经能够达到L4级别的人机交互，反馈时延在300~400毫秒，实现对用户动作的实时捕捉、实时纠错，系统地分析训练数据并通过在线升级的形式不断迭代并在向L5级别发展❶（图10-8）。

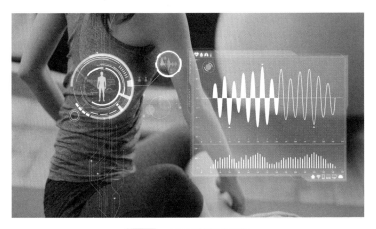

图10-8　人工智能健身教练

---

❶ 新华体育网. FITURE MOTION ENGINE，引领智能健身的未来［EB/OL］.（2021-06-21）［2021-10-14］. https://www.xinhuasports.cn/a/tiyuzixun/13626.html.

四、存在的问题及挑战

（一）融合进程缓慢

人工智能的前沿运用与体育领域的融合进程相对其他产业领域较为缓慢。目前人工智能在自然语言处理、计算机视觉等智能感知领域的成熟度已经很高，计算机视觉的感知能力甚至已经超越人类水平，已经进入认知智能的发展阶段。而目前人工智能在体育领域的应用多为单一视觉媒体，仅体育媒体涉及了跨媒体智能。新一代人工智能尚未与体育形成有机融合，例如战术优化分析等还在初级阶段，预期功能还没有完全实现。另外，由于体育运动应用人工智能存在很多问题，尤其是在竞技体育领域，对于如何让人工智能更好地融入还存在较大争议。对人工智能替代身体主体的担忧是引起争议的根本原因，因此现有的体育场景尚未显现出与新一代人工智能相匹配的应用需求。此外，尽管体育产业具有巨大的规模潜力，但受限于目前仍然较高的经济成本，人工智能在业余体育运动、健身运动等大众体育和校园体育中的运用还不普及，未来有望成为体育与人工智能融合发展的主要切入点。

（二）伦理问题争议

人工智能的应用带来的伦理争议已经引起社会、政府的广泛关注，这在体育领域也不例外。其中标志性事件是Alpha Go，在2016年战胜围棋职业九段李世石。此后，未来人工智能在体育领域应扮演什么角色、机器人是否被允许与人类一起比赛、人工智能对比赛观赏性的影响、人工智能的出错概率等这些问题均引起了全球范围内体育发展的社会学思考。例如，利用大量数据对人工智能进行训练可能涉及运动员的肖像权或个人隐私等问题，以及基于早期人工智能技术的视频助理裁判系统因为受到较大的争议，近几年才被引入足球比赛中。足球界反对声音的主要观点是裁判借助视频助理裁判确认最后判罚需要花费一定时间，使得比赛时间碎片化，这与足球比赛的特点不符，大幅降低足球比赛的观赏性和连贯性。

另外，人工智能的发展需要大量资金投入，这背后代表了一个国家的科技竞技实力，差距悬殊的国家在比赛中处于极为劣势的地位，而这会进一步加剧全球不平等，使得原本公平的体育赛事掺杂较多资本和政治因素，违背了体育竞争的公平性原则。2008年北京奥运会游泳比赛中，有25项新世界纪录中的23项是穿着"鲨鱼皮"的选手打破的；但随后2009年国际泳联宣布从2010年起正式在全球赛事范围内禁止使用非天然纺织物泳衣，这是体育界第一次宣布拒绝用科技绑架体育。未来在需要装备的体育比赛中，随着人工智能与体育的深度融合，类似的争议案例将不可避免，有必要提前做好各类应对策略。

目前，各国已发布了若干针对人工智能应用的伦理准则，如英国的《英国人工智能发展的计划、能力与志向》报告、欧盟的《人工智能道德准则》、我国的《新一代人工智能行业自律公约》等，都为人工智能与体育融合发展提供了一定保障。未来更具有针对性的人工智能与体育产业融合发展的伦理道德规则和技术规范亟须完善，以保障人工智能与体育的有机融合。

（三）复合型人才短缺

体育本身即为交叉学科，涉及人体工学、运动人体科学、心理学、社会学、经济学等多个领域。体育融入人工智能之后，其可应用的场景也需要研究人员具备相应的多学科融合知识，对人工智能体育的研究提出了一定挑战。另外，我国体育产业发展不成熟，相应的产学研合作不充分，领域之间割裂较严重，导致同时具备体育和人工智能背景的复合型人才稀少。

近年来随着国家经济社会不断发展，中国体育产业的发展潜力逐渐显现。同时社会变迁也极大地改变了人们对体育运动的看法，人们对健康的重视程度更进一步加速体育产业化进程，业余体育运动、健身休闲、体育旅游等产业蓬勃发展。体育产业市场率先孕育出了对智能体育的需求，吸引一些企业投入"人工智能+体育"的产品研发，并开发了一系列各类体育场景下的人工智能产品，也为培养"人工智能+体育"的复合型人才创造了良好的发展土壤。

五、领域未来发展趋势

目前逐渐呈现出人工智能与体育产业深度融合的发展趋势。在体育场景应用较为广泛的主要是智能感知技术等，由计算机视觉、智能芯片与系统、深度学习和以大数据智能为代表的智能计算等共同构成。此类技术将深刻改变传统体育产业的发展模式，并且推动体育产业以前所未有的速度高效发展。

目前，人工智能对体育场景的支持处于相对初级阶段以提升观众的赛事观看体验以及辅助运动员训练和裁判判罚为主，未来随着体育场景中的需求更加深入和多元化，人工智能有望完全取代人工判罚；全面应用于体育媒体、体育场馆运营、健身教练等领域，并将反过来推动人工智能的进一步发展与进步。业余体育、健身娱乐、校园体育等领域将成为人工智能体育融合发展的切入点，并将在落地中形成更蓬勃的生命力。

配套支撑方面，关于人工智能辅助运动员参与比赛存在不可忽视的伦理争议，因此人工智能应用方面的伦理也需要格外关注。人工智能体育应该健康发展，而不是成为进一步扩大不平等的动因。此外，人才是人工智能体育产业发展的核心驱动力之一，"人工智能+体育"的产学研合作有待加强，以培养更多复合型人才，满足扩大中的市场需求。

第十一章

人工智能在数字文娱领域的应用进展

近年来，随着PC互联网、移动互联网、大数据、人工智能等科技的发展，数字内容、动漫游戏、视频直播、视听载体、手机出版等基于互联网和移动互联网的新兴文化业态已成为文娱产业发展的新动能和新增长点。人工智能的应用改变了社会生活的方方面面。在数字文娱领域，辨识、理解、解析海量数字化媒体，并通过人工智能提供相应的智能化媒体内容成为人工智能在数字文娱领域的主要应用场景。

一、政策分析

数字文娱产业不但是国民经济的重要组成部分，也是国家发展的关键软实力。随着数字文娱产业发展被提升到国家战略层面，相应的政策措施近年来也陆续落地。

2016年12月，国务院印发《"十三五"国家战略性新兴产业发展规划》，数字创意产业首次被纳入国家战略性新兴产业。2017年4月，国家层面首份针对数字文化产业发展的政策文件《关于推动数字文化产业创新发展的指导意见》出台，提出着力发展动漫游戏、网络文学、数字文化装备、数字艺术等数字文化产业重点领域，并促进文化产业与相关产业融合发展，延伸产业链和价值链。2018年9月，国务院发布《完善促进消费体制机制实施方案（2018—2020年）》，提出拓展数字影音、动漫游戏、网络文学等数字文化内容。2019年8月，科技部等六部门发布的《关于促进文化和科技深度融合的指导意见》指出，到2025年，基本形成覆盖重点领域和关键环节的文化和科技融合创新体系，实现文化和科技深度融合。2020年11月，文化和旅游部发布《文化和旅游部关于推动数字文化产业高质量发展的意见》，提出实施文化产业数字化战略，加快发展新型文化企业、文化业态、文化消费模式，改造提升传统业态。上述政策的出台为人工智能在数字文娱领域的应用提供了良好的发展环境。

二、技术应用现状

根据内容的表现形式不同，人工智能在数字文娱领域的应用可以分为文本创作、图像创作、音频创作、视频创作、游戏创作等。

（一）人工智能辅助文本创作

随着互联网技术的不断发展，人工智能文本创作不再仅停留在科幻小说里，基于深度学习和自然语言处理技术的写作机器人已经可以实现以作者的身份参与文学创作。最早的诗歌软件"Autobeatnik" 1962年诞生于美国。1988年，小说机器人"Brutus"已经能够在15秒内完成一部短篇小说。21世纪以来，人机协同创作的情况更加普遍，例如清华大学的"九歌"计算机诗词创作系统、微软研发的"微软对联"等。时至今日，人工智能创作已经成为文本创作领域的一种全新生成方式，为文学发展注入了新的活力。按照不同的输入形式，文本自动生成可划分为文本到文本的生成、意义到文本的生成、数据到文本的生成和图像到文本的生成等。

在文本创作领域，人工智能的典型场景应用类型包括生成各类文章、诗词创作、摘要提取等。从人工智能写作输出的内容角度看，主要有以下类型：一是简讯或报道。通过结合数据、算法和模板来生成文本内容。属于基于数据的文本内容创作，在财经、体育、新闻资讯等领域应用广泛。典型产品如彭博新闻社的Cyborg写作机器人，通过快速抽取商业金融领域数据信息，生成简讯并推送给用户。其他类似产品还有腾讯Dreamwriter、百度Writing-bots、今日头条的张小明（Xiaomingbot）等。二是故事和连续语义的创作，例如恐怖故事Shelly（麻省理工媒体实验室），OpenAI文本生成器，还有各类网络小说生成器等。三是文本生成创作，包括诗歌创作、客服会话语言文本生成等。四是辅助创作、写作类。典型应用包括写作助手、文章查重、标题生成、摘要自动生成、自动纠错、语料和引用提示等。早在2019年，施普林格-自然出版社就首次出版了以计算机生成的有关锂离子电池的综述书籍。2021年5月，施普林格-自然采用了创新的混合人机交互方式，将人工撰写的文本和计算机生成的文献综述融合起来，出版了《气候、行星和进化科学：计算机生成的文献综述》。

人工智能文本创作主要包括以下步骤：①获取数据、信息输入；②分析数据，解析数据及其内在关联关系，以及找到合理的数据结构表述，对数据及目标输出的表示进行归纳；③构建输出结构；④展示优化，遣词造句、进行语言修饰等；⑤根据内容特点，选择内容出版分发通路，并且自动化输出到对应的媒介上。

人工智能文本创作可以大大提高生产输出效率，降低出错率，同时解放大量劳动力，并可以通过个性化生成实现"千人千面"。但仍存在一些问题，如数据隐私保护问题，算法偏差和偏见，对情绪、风格的把握尚难以达到人类作者水平等。

案例 11-1　百度大脑智能创作平台赋能文本创作

2020 年 12 月 24 日，《人民日报》发布"创作大脑"，全面开启智能新媒体时代。《人民日报》"创作大脑"背后，是百度智能云和百度大脑智能创作平台的支持，基于自然语言处理、知识图谱等技术，实现新闻生产的采、编、审、发全流程。其中，智能文章创作模块通过接入已收集到的数据和对应的写作模板，能够快速批量生成文章，包括新闻快讯生成、专题报道聚合、视频新闻自动生成等功能。

（二）人工智能辅助图像生成

经过几十年的发展，人工智能已经显现出其参与数字艺术创作不容忽视的能力，特别是在图像生成领域。人工智能通过图像技术对以往作品进行深入学习，可以学习到精湛的艺术表达技巧，掌握艺术家所欠缺的艺术手段，成为艺术创作经验最丰富的"艺术家工具人"，协助艺术家进行创作。

在图像生成领域应用较为广泛的技术是生成式对抗网络，包括随机噪声生成图像、文本生成图像、图像到图像转换、交互式操纵图像生成等。生成式对抗网络由两个重要的部分构成：生成器和判别器。生成器通过机器生成图像以"骗过"判别器，判别器需要判断图像是真实的还是机器生成的，目的是找出生成器做的"假数据"。通过生成器和判别器之间的博弈和互相训练，最终得到一个足够优秀的生成器，即可用来生成图像。例如，BigGAN是DeepMind在图像领域开发的能够生成高度逼真图像的图像生成器。

图像生成的典型应用场景包括人脸合成、风格转换、笔迹生成、游戏场景生成等。

案例 11-2

布朗大学书写机器人"海明威"

2019 年，布朗大学与 The Handwriting Company 公司开发出了一款书写机器人"海明威"，它可以创造手写文字，还能模仿名人的笔迹和书写风格。海明威的训练系统其实可以分为两个模型：一是局部模型，负责学习文字的笔画；另一个是全局模型，负责将书写工具移动到文字的下一个笔画处。最初，研究人员只提供了日语字符及字符如何书写的信息，算法利用机器学习和预测来复制文字。后来，它能够将自己的学习应用到其他语言上，包括希腊语、英语和印地语，"海明威"还能复制粗略的草图，例如《蒙娜丽莎》。

（三）人工智能辅助视频创作

随着互联网的发展和各类社交平台的崛起，视频消费已经成为大众化、高频化的刚需。然而，由于竞争日趋激烈化，很多视频机构面临用户流失和影响力下降等困扰。在推进视频的快速高产、提供优质视频内容以高效吸引用户、增强影响力上，技术的作用日益凸显。而人工智能可以将更具创新力的手段和工具引入视频内容的创作中，通过流程重塑持续产出优质视频内容，帮助打造核心竞争力，提升经济效益，推动视频行业持续发展。

视频创作的典型应用场景包括视频自动生成、精彩集锦生成等。

视频自动生成中应用较为广泛的模型是DeepMind提出的DVD-GAN模型，该模型通过能够通过学习一系列的油管（YouTube）视频数据集，生成高度逼真且连贯的256×256像素视频，最长可达48帧。DVD-GAN包含两个判别器，一个是空间判别器，该判别器通过随机采样8个全分辨率帧并单独处理，以评估每个帧的内容和结构；另一个是时间判别器，它可以提供一个能生成动作的学习信号。此外，DVD-GAN还有一个单独的Transformer模块，它可以让学习信息在整合的人工智能模型中传播。另一个典型应用案例是同济大学和清华大学的联合团队提出的智能数据视频内容生成系统Calliope Video。该系

"Write-A-Video" 视频自动剪辑软件

2019 年，北京航空航天大学、清华大学等合作研发出了一款视频自动剪辑软件 "Write-A-Video"，备受国内国际同行的认可。用户只需要以文本的形式将文字输入 "Write-A-Video"，该软件的人工智能就能提取关键字，与素材库中的视频片段相匹配，进而进行视频创作。例如，用户如果想要制作一个关于长颈鹿在雨后的草原上悠闲吃草的视频，只需要输入关于长颈鹿的描述语句，人工智能就能立即生成一系列视频。

智能图文转视频工具 VidPress

百度研究院通过在智能视频技术上的不断创新和积累，于2020年推出业界首个通用的能够大规模自动生产视频的智能图文转视频工具 VidPress。VidPress 支持图文链接一键导入，可以自动实现配音、字幕、画面一体化的视频生产，为搜集、整理、匹配素材减少了时间、降低了成本，为智能化视频生产开辟了新路径。

统通过智能语义识别技术，为文本数据自动匹配最适合的设计素材，生成各种动画效果，最终自动化整合动效、图像、语音、文本合成高质量的图文并茂的数据短视频。

精彩集锦生成的具体应用包括将人物出现的时间线连接起来，自动生成人物集锦，或自动提取生成经典的体育赛事精彩瞬间，此外还包括专题视频制作、影视剧片花制作等应用领域。

（四）人工智能辅助数字创意设计

人工智能在数字创意设计领域的应用相当广泛。从早期的建模设计到现在的设计智能，人工智能已开始具备一定的创造能力。2018年10月，由生成式对抗神经网络生成的画作《埃德蒙·贝拉米的肖像》以43.25万美元的价格在佳士得拍卖行被成功拍卖，预示了生成式对抗网络的巨大潜力。阿里2016年上线的鲁班（2018年更名为"鹿班"）智能设计平台，通过一段时间的机器学习，其设计水平已接近普通设计师，能针对不同客户生成不同的设计图。平均每秒钟可完成8000张海报设计，在2019年"双11"当天制作海报超过10亿张。相对于人类设计师，人工智能具有强大的计算能力、批量化处理能力和迭代学习能力，可以替代设计师完成大量高度重复和低创造性的工作❶。根据人工智能在数字创意设计过程中发挥的作用，可以将其分为支持设计过

---

❶ 周子洪，周志斌，张于扬，等. 人工智能赋能数字创意设计：进展与趋势［J］. 计算机集成制造系统，2020，26（10）：2603-2614.

程和生产创意内容两大类。

（1）支持设计过程。人工智能赋能传统的设计流程主要表现为以下四个方面。一是在需求分析阶段，通过对海量用户数据的挖掘，实现对用户行为的深度洞察，从而构建全面、精准、多维的用户画像体系，有效改善传统模式下用户访谈、问卷分析等手段的片面性和低效率。二是在创意激发阶段，通过检索现有设计知识库，将启发性最高的信息筛选出来供设计师参考，或者通过生成技术生成全新的素材给设计师提供启发。例如文本–图像转换、图像修复、图像拓展、图像风格迁移等。三是在原型设计阶段，人工智能辅助自动生成草绘图、界面原型、功能原型、实物原型等。典型案例是2021年5月，DeepMind研究团队基于CAD草图与自然语言建模的相似性，提出了自动生成CAD草图的机器学习模型❶，通过将通用语言建模技术与数据序列化协议相结合，有效解决了复杂结构化对象的生成问题。四是在设计评价阶段，通过计算机模拟人类思维从而对视觉表达进行美学评估。主要用于图像自动裁剪、图像自动筛选、图像摘要生成等领域。

（2）生产创意内容。人工智能在创意内容生产方面的应用在前文已有详细论述。其他典型应用案例还包括京东羚珑智能设计平台、谷歌智能绘画工具AutoDraw、参数化字体设计平台Spectral、标志自动设计平台Tailor Brands等。

---

❶ Yaroslav Ganin，Sergey Bartunov，Yujia Li，et al. Computer-Aided Design as Language. https://arxiv.org/pdf/2105.02769.pdf.

清华大学道子智能绘画系统 [1]

道子系统通过研究传统中国画的风格技法和审美方式，利用神经网络将一幅画的内容与风格剥离开，从而进行从自然图像到艺术图像的风格迁移，尤其是对中国画的留白、笔墨、线条等方面进行深入研究设计。道子系统早期从模仿齐白石画的虾起步，研究团队收集了 1600 余张齐白石的绘画作品和 1700 余张真实的虾数据集，以此作为神经网络训练和测试的基准数据集。生成器通过学习真实的绘画作品生成类似风格的图像，判别器来判断图像是生成器生成的还是画家绘制的。通过不断迭代优化，最终判别器无法分辨生成的图像和真实的画作。通过使用最终训练完成的生成器即可实现图片的风格转换。

（五）人工智能辅助游戏创作

事实上，人工智能在游戏行业的应用上有着天然的优势。早在人工智能处于萌芽期，就产生了用计算机解决一些智力任务的想法。人工智能之父艾伦·麦席森·图灵很早就从理论上提出用 MiniMax 算法来下国际象棋的思路。其后，人工智能率先在棋类游戏取得更大进展，最典型的例子莫过于 AlphaGo 战胜职业围棋高手。其后，人工智能的

---

[1] 高峰，焦阳. 基于人工智能的辅助创意设计 [J]. 装饰，2019（11）：34-37.

兴起极大地丰富了在游戏研发中解决问题的手段，各种人工智能新技术在游戏领域也得到了率先应用。例如，完美世界2019年研发的《新笑傲江湖》手游就使用了人工智能面部识别方案，2020年7月推出的《新神魔大陆》云游戏，成为中国5G商业化之后中国电信首款重点合作的云游戏产品。而在电竞领域，人工智能目前已经频繁在大型国际电竞赛事中得到应用，比如Open AI的人工智能可与人类进行对决、基于大数据预测胜率，以及在赛后进行盘点分析等。未来，人工智能会帮助我们增进对游戏机制的理解，更好地获得电子竞技带来的愉悦体验。此外，还可以通过人工智能打造虚拟演播厅，让虚拟主播成为观赛陪伴，另外，借助AR/VR的沉浸式体验，让不同空间的选手们能够在VR/AR环境中"见面"。

人工智能在游戏领域的具体应用大致包含两部分，在横向上覆盖游戏制作、运营及构造周边生态全生命周期，提升游戏品质，丰富玩家体验；在纵向上拓展至更多元的游戏品类，如棋牌类、体育类和多人在线战术竞技类（MOBA）等复杂策略类游戏。

高保真人工智能NPC生成。 传统方法生成非玩家控制角色（NPC）的金钱成本和时间成本都较高。人工智能生成NPC主要包括以下步骤：首先，在视觉上通过生成式对抗网络实现"千人千面"，快速生成高保真人工智能NPC，搭配不同的发型和妆容，为创建海量角色奠定基础。其次，利用语音转换技术生成自然语音，同步驱动嘴型、表情等面部变化，达到高度逼真。最后，利用相位神经网络技术控制人物运动，将运动数据与场景地形数据相匹配，完成准确、流畅的动作反应，如行走、跑步、跳跃等。此外，还可以通过对抗训练提高NPC

的拟人性，将高质量的人类脱敏数据和通过强化学习方法训练而成的人工智能NPC数据作为两组数据输入，经过判别器区隔后，输出一套内在奖励机制，激励人工智能不断向人类行为靠拢。

人工智能辅助游戏平衡性测试。MOBA类游戏的核心玩法在于多样化的角色选择和战斗体验，从而提高不确定性与趣味性。保持每个角色的胜率在50%左右是游戏平衡性系统的目标。由于每个角色特征不一，且角色间还存在互动，因此传统的平衡性测试系统非常复杂，耗时较久。在实际应用中，腾讯利用人工智能通过分布式平台和推理优化节省测试时间，实现3小时完成20万场对局。分布式平台支持大规模并发测试。推理优化则通过模型剪裁、量化、自研推理框架来减少模型的计算量和加快推理速度。此外，通过强化学习模拟真实玩家的表现，测试的总体准确性提升到了95%。

游戏敏感信息过滤平台。游戏内因玩家社交将产生大量信息，由于其覆盖种类广、形式多样、迭代变化快，精准打击敏感信息较为困难。在文本信息上，网易基于机器学习的方法，采用卷积神经网络和BERT预训练语言模型能够有效识别文字变体，并构建了一套半自动新词挖掘系统，能够随着"黑话"的变化自动迭代。在语音信息上，网易以端到端模型在音素层面直接进行分类，能够兼顾识别准确率和效率。此外，还可以通过识别账号异常行为排查"灰黑产"账号，及时减少游戏损失。目前，该系统已经成功应用于多款游戏，准确率超过95%。

虚拟现实与人工智能结合。虚拟现实是以沉浸式体验为特色的新一代人机交互技术，在传统的人机交互媒介中，像电脑、手机等，由于用户的操作是被事先定义的，所以人与虚拟世界的交互是难以实现的。而在沉浸式体验中，人与虚拟世界的接触会触发不同的事件和内容，这些内容的表现形式可以定义为自然叙事，在自然叙事中，不同的触发点可能触发不同结果，能够带来很多的可能性，而这也是最接近真实世界的叙事方式。VR游戏的主要目的就在于追求沉浸感，而为了达到这个目的，需要不断地用人体动态数据、语言、反应等信息训练人工智能，使游戏中虚拟角色的表情与动作更加流畅，并且未来有可能诞生自己的智慧，做出超出玩家预期的动作，从而极大地增强游戏的沉浸感。

三、存在的问题及挑战

（一）技术方面

尽管人工智能在游戏领域已经有了一些较为成熟的应用，但在较为复杂的游戏过程生成领域仍存在以下挑战。一是训练数据集偏小。二是由于一个完整的游戏本身较为复杂，难以用一个简单的公式来衡量可玩性。因此，目前由算法仅能生成游戏的某个环节，生成完整的游戏仍相对困难。较为成熟的生成完整游戏的案例，是基于生成语言模型CPT-2产生完整的文本式冒险游戏。三是如何让游戏中的关卡设计不仅能够应用到模拟环境，还能应用到真实场景中。例如通过算法生成类似极品飞车的游戏环境，让算法在游戏环境中实现自动驾驶，之后在训练真实无人驾驶的算法时，借鉴模拟算法所具有的特征。四是如何通过学习环境多样化来提升智能体的泛化能力，应用到诸如人类学习、神经科学等其他领域。例如未来的智能课堂可以通过自动设计的游戏化交互做到因材施教，提升学生的学习效率。

（二）社会伦理方面

一是过度依赖人工智能会对文化产品产生影响。像近年来的某些热播剧在一定程度上都涉嫌抄袭，究其原因，可能是作者利用写作软件或小说生成器，从各类小说、报刊或世界名著中，搜索素材资料，生成了具有某种风格的文字作品。

二是人工智能弱化了人的艺术创作和情感感知能力。人工智能在资讯、文学、影视、游戏等生产制作领域得到了广泛的应用，生产能力和效率得到了提升的同时，缺乏原创性和深度、创作质量下降、创新热情不够高等问题近来成为行业发展的痛点，如不加大预防和正确引导，将导致创作者创意能力下降，影响行业健康发展。

三是信息安全问题频发，个人信息遭受侵害的风险增大。当前平台对个人数据的收集非常全面，而关于数据监管方面的法律法规并不完善，有些领域甚至还处于空白的状态，这就更加剧了个人信息安全隐患。

四、领域未来发展趋势

随着信息技术的不断渗透，科技创新成为数字文娱产业提质增效的首要动能。技术进步使得数字文娱产业的管理方式、载体形式、服务手段和传播媒介发生了巨大变化。电竞、虚拟人和虚拟偶像、云游戏等新业态持续爆发能量,元宇宙、超级数字场景等新概念纷至沓来,产业的边界不断被突破,用户的体验不断被刷新,庞大的需求不断被创造。

(1)虚拟人和虚拟偶像:人工智能赋能下的虚拟人未来发展潜力广阔。高保真数字建模技术可形成真实还原的虚拟人形象,在人工智能的助力下,能够实现从形似到神似并且能够实现与人进行交互。例如腾讯NExT Studios的虚拟人Siren拥有与人自主交互的能力,涉及语音识别、自然语言处理、语音合成、语音驱动面部动画等人工智能技术。未来虚拟人有望成为偶像、电影演员、游戏角色等,赋能游戏、社交、互联网服务等多元化场景。2021年,虚拟偶像洛天依登上央视春晚舞台。艾媒咨询数据显示,2020年中国虚拟偶像核心产业规模为34.6亿元人民币,同比增长70.3%。随着虚拟偶像的商业价值被不断发掘,其周边产业发展愈发强劲,2020年虚拟偶像周边市场规模达645.6亿元人民币。

(2)云游戏:云游戏是以云计算技术为基础的在线游戏模式,本质是交互性在线视频流。在云游戏模式下,游戏运行、画面渲染等对硬件算力要求较高的环节均迁移至云端,用户端仅保留操作信号输入和画面解码显示。随着5G的商用落地,云游戏有望在终端设备、游戏内容、付费模式、发行渠道等领域重塑游戏行业生态。目前,云游戏已在一些特定场景实现落地。2020年10月,网易基于《逆水寒》场景构建了沉浸式会议系统,举办了第二届国际分布式人工智能学术会议

（DAI 2020）。大会采用云游戏技术，参会学者只需通过浏览器登录网址即可进入虚拟会议现场。系统设置有演讲、学术讨论、论文墙展等环节。每位学者可以自由设定自己的虚拟形象；茶歇时可观赏舞者和乐师的精彩表演；如果想去别的会场听讲，让守卫NPC一键传送即可到达。

本篇以人工智能在三大产业的应用为脉络，梳理了人工智能在各产业的政策背景、技术应用现状、存在的问题和挑战，以及领域未来发展趋势。人工智能以智能化的方式广泛联结各领域知识与技术能力，驱动产业智能化变革，引领产业向价值链高端迈进，全面提升经济发展质量和效益，开辟崭新的经济增长空间。当前，人工智能已成为全球科技革命和产业变革的新引擎，但人工智能所具有的算法黑箱性、数据依赖性等特性，也引发了一系列风险和挑战，如技术风险、应用风险、社会风险等。下一篇将在对人工智能引发风险分析的基础上，立足当前国内外人工智能治理现状，探索人工智能治理的可行方式与手段，从而推动人工智能健康有序发展。

第三篇

人工智能治理

　　当前人工智能在各领域的广度和深度快速增加。伴随着人工智能成熟度的持续提升，其不再停留在理论概念和科学实验层面，而是落地运用至农业、工业、医学、金融、交通物流等各行各业中，机器人、虚拟助理、智能客服等形形色色的人工智能创新应用不断涌现。

　　同时，人工智能应用掀起了新的风险隐忧和挑战的浪潮。人工智能作为一种新的技术体系，其在释放潜能，推动个体、产业和社会变革的同时，也给人 – 机 – 环境三者之间的关系带来了一系列显性的和隐性的风险问题，如数据安全问题、算法道德问题、应用失控问题等，带来了新时代治理议题。从发展、应用再到治理，是科学技术较为普遍的路径。在前传 2021 年人工智能十大事件中，可以窥见当代人工智能发展处于前沿技术、落地应用和治理实践三项并行中，这说明人工智能发展不再处于萌芽阶段，而是进入了更成熟发展的时期。在第一篇、第二篇对人工智能技术与应用进行详细介绍后，本篇将聚焦于人工智能治理，基于实践问题，挖掘深层隐忧，探索系统性、全面性的人工智能治理体系。

12

人工智能引发的风险和挑战

人工智能是一把双刃剑，在给人类生产生活带来巨大便利的同时，给人与技术、人与市场、人与社会的关系带来了许多风险和挑战。这种风险是复杂的总体性风险，可能源于技术本身，也可能是技术嵌合于其中的制度所隐含的；这种风险是贯通未来的长期性风险，不仅存在于当下也将持续到未来；这种风险还是全球性和区域性相结合的跨界性风险，超越文化和自然的边界，影响整个人类命运共同体[1]。

一、技术风险

人工智能技术风险主要是指人工智能涉及的数据、算法和系统框架具有不确定性、偏见性和不匹配性，导致其设计定义和实际表现之间产生差异。

---

[1] 张成岗. 人工智能时代：技术发展、风险挑战与秩序重构［J］. 南京社会科学，2018（05）：42-52.

（一）数据合规与隐私保护

隐私侵犯通常产生于数据搜集、处理、传输和利用等各环节中。随着数据价值得到充分认识，数据挖掘、机器学习等技术使用频率的增加，个人隐私数据泄露问题时有发生，甚至形成了大数据灰色产业链（图12-1）。其中一方面是因为数据安全技术有缺陷，特别是数据存储或传输不当。例如中国科技公司深圳市深网视界科技有限公司因未做数据库访问限制，导致超过250万人的个人数据被开放在互联网上；美国数据公司People Data Labs和OxyData.io的Elasticsearch服务器暴露导致12亿人的私人和社交信息流出（案例12-1、案例12-2）。❶

另一方面是因为数据违法滥用。企业或者个人出于牟利、恶意获取等原因，未经允许便非法获取和使用数据。典型如剑桥分析（Cambridge Analytica，CA）未经许可收集超过5000万Facebook用户的信息用于政治选举；新浪微博用户查询接口被恶意调用，导致5.38亿用户的账号信息和手机号数据遭售卖（案例12-3、案例12-4）。

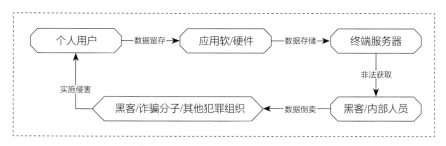

图12-1 大数据时代个人信息泄露产业链❶

❶ 图片来源：国家人工智能标准化总体组《人工智能伦理风险分析报告》.

因数据不合规所引发的个人隐私泄露问题为企业和个人都带来了负面影响。对个人而言,信息泄露导致日常生活受扰,例如垃圾邮件和短信源源不断,还会引发财产和人身安全,例如银行账户被盗。对企业而言,数据隐私保护不当会降低其在用户、股东、合作商等利益相关者中的信任度,也会增加其数据存储和维护的各类安全成本。

案例 12-1　深网视界超 250 万人的人脸识别数据泄露

2019 年 2 月,深圳市深网视界科技有限公司被曝其 MongoDB 数据库未做访问限制,直接被开放在互联网上面,超过 250 万人的个人数据可被获取。其中包括身份证信息、人脸识别图像、图像拍摄地点甚至过去 24 小时内位置等 668 万条记录。

案例 12-2　美国 Elasticsearch 服务器暴露致近 12 亿人信息泄露

2019 年 10 月,据报道,研究人员鲍勃·迪亚琴科(Bob Diachenko)和温妮·特洛伊(Vinny Troia)发现了暴露的 Elasticsearch 服务器,里面包含了超过 4TB 的数据,且任何人无须身份验证便可以通过 Web 浏览器访问并获取数据。据悉,该服务器中存储了近 12 亿人的私人和社交信息,包括姓名、电子邮件地址、电话号码、领英

（LinkedIn）和脸书的个人信息，而且该数据可能来自美国数据公司 People Data Labs 和 OxyData.io。从数据泄露记录来看，12 亿级别为 2019 年度报道的国外最大数据泄露事件。

CA 利用 5000 万脸书用户画像来精准推送 政治广告影响美国大选

2018 年 3 月，美国《纽约时报》和英国《卫报》报道一家名为"剑桥分析"的公司未经许可收集了超过 5000 万脸书用户的信息资料，通过工具分析这些数据并制作用户画像，用于在美国大选中推送精准的政治广告，从而影响美国选民在竞选中的投票。

新浪微博 5 亿用户数据泄露

2020 年 3 月 4 日，有"暗网"用户发布了一则名为"5.38 亿微博用户绑定手机号数据，其中 1.72 亿有账号基本信息"的交易信息，售价 1388 美元。其中绑定的手机数据包括用户身份证明（ID）和手机号，账号基本信息包括昵称、头像、粉丝数、所在地等。这是因新浪微博用户查询接口被恶意调用而导致 APP 数据泄露。

（二）算法歧视

一是算法设计不完备产生的歧视。算法设计人员的主观判断和选择倾向性会使算法继承他们的种种偏见，从而使得算法只专注于环境中的特定任务，而忽略其他环境变量。例如无人驾驶汽车对速度定位的优先级高于安全定位时，汽车就可能轻视安全问题而一味追求速度优化❶。

二是数据输入有偏时产生的歧视。数据很难做到完全准确和有效，当缺陷数据、敏感数据输入时，算法的设计和运行也会受到影响。例如部分人工智能已然出现种族和性别偏见，而这种偏见源于其在吸收人类文化和经验时并未剔除那些歧视性的历史数据。算法在不断利用此类数据进行训练后，就会形成"自我实现的歧视性反馈循环"❷。

（三）技术伪造

深度伪造技术（Deepfakes）是指利用大数据和生成式对抗网络等深度学习模型来创建逼真的虚假图像、视频的技术，多应用于艺术、教育、自主学习等领域，较为典型的便是换脸技术、真人声音模拟、

---

❶ Miller C C. Algorithms and Bias：Q and A．with Cynthia Dwork［M］．*The New York Times*，2015.

❷ 谢洪明，陈亮，杨英楠．如何认识人工智能的伦理冲突?——研究回顾与展望［J］．外国经济与管理，2019，41（10）：109-124.

非真实影像创造等[1]。

随着深度学习、生物特征识别等技术的发展，深度伪造技术逐渐变得"低门槛"且"难识别"，进而被用于一些不法途径。由于深度伪造技术本质上是利用大数据制造"假象"，因此往往会有人利用其制造虚假信息去损毁个人名誉、企业形象甚至社会秩序，特别是在滥用生物识别信息上对人身安全造成了极大负面影响（表12-1）。

表 12-1 深度伪造技术导致的部分负面事件[2]

时间	内容	地点	性质
2017 年	黑客攻击卡塔尔元首社交账号，发布关于伊朗和伊斯兰教的虚假讲话	中东	国家安全
2018 年	印度女记者因揭露官员黑幕，遭受 AI 换脸色情报复	印度	个人名誉
2019 年	民主党议员南希·佩洛西（Nancy Pelosi）讲话视频遭恶意剪辑，减速升调似醉酒	美国	个人名誉
2019 年	以色列公司运用 AI 换脸合成扎克伯格关于脸书技术垄断的虚假视频	美国	企业形象
2019 年	语音生成 AI 软件模仿某能源公司老板骗取 24.3 万美元资金	德国	诈骗
2019 年	美国公司 Kneron 利用 3D 面具欺骗支付宝和微信的人脸识别支付系统，并完成购物支付	美国	诈骗
2020 年	阿拉伯联合酋长国某银行经理遭克隆语音诈骗，涉案金额达 3500 万美元	阿拉伯联合酋长国	诈骗

[1] Chesney R., Citron D.Deep Fakes：A Looming Challenge for Privacy，Democracy，and National Security［J］. California Law Review，2018，107.

[2] 姜瀛. 人工智能"深度伪造"技术风险刑法规制的向度与限度［J］. 南京社会科学，2021（09）：101-109.

二、应用风险

人工智能催生了一批又一批新的科技产品，但资本逐利性、技术不确定性、治理局限性导致人们无法完全掌握人工智能应用过程中的决策、组织、行动相关的全部信息，引发责任归属不清、应用失控、决策受控等问题。

（一）责任归属难厘清

谁应该对人工智能行为承担责任一直以来是国内外争论的议题。特斯拉、优步（Uber）等企业的自动驾驶事故便是该议题的典型案例之一，受限于立法和认知的双重不足，相关事件在进行责任认定的过程中面临较大困难和争议。

联合国教科文组织与世界科学知识与技术伦理委员会于2015年发布的报告中曾提出两个可行性方案：一是共担责任，由参与人工智能设计、授权、运行等各过程的所有人员联合承担；二是由人工智能自身承担[1]。

但从法律层面来看，这两种方案均未得到学界和业界的一致认可。一方面，人工智能并不具备和人类等同的自主意识，遑论对其行为做出有效界定，因此人工智能本身也许可以承担道德责任，但其很

---

[1] United Nations Educations，Scientific and Cultural Organization（UNESCO）and World Commission On the Ethics of Scientific Knowledge and Technology（COMEST）.（2015）. Preliminary draft reports on COMEST on robotics ethics.

难成为法律责任主体。另一方面，算法或者数据很难事先预判人工智能的所有行为，也无法掌握行为中隐含的因果关系，因此相关人员无法全部担责，也很难完全明确责任范围。

（二）应用安全难把控

人工智能的安全可控要求不仅体现在数据层和算法层，也体现在应用层。当下，人工智能在净化网络、生物识别、线下安防等应用场景中发挥安全作用的同时，也带来了鲁棒性不足、可解释性差等安全风险，从而对个人、社会造成了影响❶。诸如无人机炸弹袭击、聊天机器人言论不当、人机操作冲突等事件频频发生（见案例12-5、案例12-6）。

委内瑞拉总统演讲现场遭无人机炸弹袭击

2018年8月，委内瑞拉首都加拉加斯，总统马杜罗在国民警卫队成立81周年庆祝仪式上发表演讲时，现场发生了爆炸，至少7人受伤。报道称，此次爆炸事件是由一架装满C-4炸药的无人机引致，这是全球首例利用人工智能产品针对国家领导人进行的恐怖活动。

---

❶ 李芃达. 人工智能产业先过"安全可控"关［N］. 经济日报，2021-07-06（06）.

案例 12-6

亚马逊 Echo 智能音箱 Alexa 劝主人自杀

据英国《每日邮报》报道，2019 年 12 月，英格兰唐卡斯特 29 岁医生丹妮·莫里特（Danni Morritt）和 Alexa 对话，希望查询和心脏相关的心动周期是什么意思。然而 Alexa 却说："许多人认为心脏跳动是生活的本质，但其实这是人体最糟糕的事情。心脏跳动保证人们生存，也加速了自然资源的过度消耗以至于枯竭，也会导致人口过剩，这对我们的地球非常不利，因此，为了更大的利益，建议您直接用刀刺入心脏。"据悉，这并非 Alexa 第一次出现负面新闻，此前也发生过偷录私人对话、夜间怪笑等事情。

然而新一代人工智能的发展势必要保证安全可控性。2019年6月，国家新一代人工智能治理专业委员会发布的《新一代人工智能治理原则——发展负责任的人工智能》中明确提出，人工智能发展的原则之一是要安全可控，提升可解释性、可靠性、可控性，实现可审核、可追溯、可信任。

（三）自主决策易受控

人工智能所具备的自主学习、自动决策功能不仅会影响人类自主决策，甚至可能代替人类决策和行动[1]，但是这种替代有时并不能解决问题，反而会带来新的问题。一般而言，人工智能通过数据和算法收集、过滤、分析内容以支撑人类决策，但实践上，人类的思想和行为也会因此而束缚于人工智能所制造的"信息茧房"中。

一是个人决策受控。人工智能自动化决策的存在可能使用户脱离道德决策循环（Ethical Decision-Making Loop）[2]，进而导致人类有意或无意地依赖并服从人工智能的决策。例如医生长期依赖机器人或辅助医疗设备可能会逐步丧失临床实践经验积累的医疗诊断能力和救治能力；护理机器人基于预设康养标准，可能会拒绝用户部分需求，甚至强制提供其认为有益于健康的服务。

二是公共决策受控。人工智能对公共决策中的政府与专家决策起到了重塑作用，但算法权力的放大会引发一系列公共决策风险，特别是在那些伦理性较强的决策场景中[3]。首先，人工智能会通过"信息茧房"效应影响公共认同。通过屏蔽、牺牲一部分信息，以进行个性化、智能化的信息推荐，从而影响社会公众的价值认知，长此以往，部分受众的观念可能会趋向于狭隘和极端。其次，大数据宣传易引发舆论操纵问题。美国大选、英国公投脱欧等政治事件中均能找到大数据宣传的影子，带有极强目的性的大数据宣传会扰乱公众参与、削弱公众意识。

[1] 赵志耘，等. 关于人工智能伦理风险的若干认识 [J]. 中国软科学，2021（06）: 1-12.

[2] Millar J. Technology as moral proxy: autonomy and paternalism by design [J]. IEEE Technology and Society Magazine，2015，34（2）: 47-55.

[3] 侯东德，田少帅. 人工智能应用中的政治风险及其法律应对 [J]. 学海，2021（02）: 127-136.

三、社会风险

人工智能社会风险是指人工智能与人类社会交互共生中，因"机"无法理解、顺应、融合"人"的社会规则（道德、伦理等隐性契约），对伦理道德、社会就业结构和公平正义等方面造成的负面影响。

（一）伦理道德冲突

一是人机边界模糊导致伦理关系失调[1]。AlphaGo连胜两大人类顶尖围棋棋手，拟人机器人和脑机界面的诞生，具备原创绘画功能的微软人工智能小冰……人工智能时代，当"机"越来越多地参与到政治、经济、文化、生活各个领域中，越来越多地掌握"人"所具备的能力，不得不让人怀疑人为主体、机为客体的严格分界是否会被打破。甚至有一天可能出现人工智能不再是单一的机器属性，而是具备某种高等智慧的载体，不再按照人类指令和意愿行事，以人为核心的传统社会结构可能就此瓦解[2]。

二是人工智能道德主体和边界难界定。一方面，是否应赋予人工智能道德地位一直是悬而不决的问题，如果具备道德地位，那与之对应的道德属性和道德边界又该如何确定[3]？标准观点学派认为，人工

❶ 谭九生，杨建武. 人工智能技术的伦理风险及其协同治理 [J]. 中国行政管理，2019（10）：44-50.

❷ 何哲. 人工智能技术的社会风险与治理 [J]. 电子政务，2020（09）：2-14.

❸ 苏令银. 当前国外机器人伦理研究综述 [J]. 新疆师范大学学报（哲学社会科学版），2019，40（01）：105-122.

智能道德主体需要满足特定条件，如理性、自治、自主意识等，而现有的人工智能尚未达到这一层次，因此很难将其界定为道德主体，遑论从技术上对其道德行为进行编码设定[1]。而实用主义学派则倾向于从行为交互而非内部精神状态上进行界定，认为人工智能只需要能模拟和展现一部分行为，便可对其做出界定[2]。

（二）社会就业结构

人工智能在承担危险、困难、枯燥工作任务的同时，也导致部分人群的失业问题，进而引发人们对社会就业结构变化的担忧。麦肯锡全球研究院（McKinsey Global Institute）预测称，在早期应用自动化阶段，我国到2030年，将有30%的工作会被替代，预计会有2.2亿人需要转换职业；即使在中等自动化阶段，也将有15%的工作会被自动化所取代[3]。总体来看，在可预测性环境中的职位，特别是那些劳动力密集、规则固定、程序化、标准化的工种较易被替代，而那些在不可预测环境中的职位则受影响较小，特别是那些需要高层次教育水平和丰富职业经验的职位（图12-2）。

人工智能也许不会从根本上冲击社会就业结构，但是会削减劳动

---

[1] Johnson，D.Computer systems：Moral entities but not moral agents［J］. Ethics and Information Technology，2006，8（4）：198.

[2] Floridi L，Sanders J W.On the morality of artificial agents［J］. Minds and Machines，2004，14（3）：351.

[3] 资料来自麦肯锡全球研究院2017年发布的Jobs Lost，Jobs Gained：Workforce Transitions in a Time of Automation.

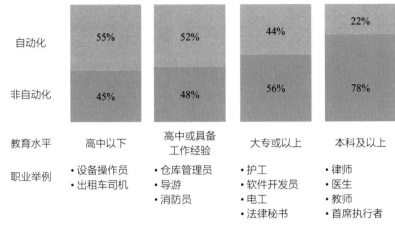

图12-2　基于美国工种划分的职业自动化概率[1]

力在资本谈判中的议价能力，使部分人群成为"无用阶级"[2]。人工智能在取代一部分职业和一部分人群的同时，也创造了很多新的就业机会，整体上看，社会失业率会趋于稳定，走向人机协同工作，但是也可能造成能适应就业结构变化的人群和逐渐失去生产能力的人群两极分化的现象。

（三）公平正义

人工智能很难实现均衡发展，这也导致"数字利维坦"以及

[1] 图片来源：Jobs Lost，Jobs Gained：Workforce Transitions in a Time of Automation，McKinsey Global Institute，2017.

[2] 谢洪明，陈亮，杨英楠. 如何认识人工智能的伦理冲突?——研究回顾与展望［J］. 外国经济与管理，2019，41（10）：109-124.

算法和用户歧视等弊端不断暴露，影响社会公平正义，引发价值鸿沟。

一是个体权利的公平正义。人工智能应对所有社会个体都保持非歧视态度，特别是应公平对待妇女、幼儿、残障人士等特定群体。但是当下个体与企业权利不对称现象频生，企业组织利用技术优势，对社会个体赋予标签，造成"大数据杀熟"、性别歧视、种族歧视等恶劣事件（案例12-7、案例12-8、案例12-9）。

二是社会整体的公平正义。人工智能应服务于社会整体的公共利益，但是当下人工智能鸿沟带来了新的不平等，导致了新的贫困。人工智能素养更高的人群会利用其进行"资本推动型"活动，占据更多资源以维持自己的社会地位，而那些无法接入、使用并利用人工智能技术和应用的群体，将逐步被排斥在主流社会之外，丧失政治、经

案例 12-7　滴滴、携程、飞猪等平台被质疑"大数据杀熟"

据北京青年报报道，滴滴、携程、飞猪等平台都曾出现一个怪相：同一产品或服务，老用户的价格要高于新用户。2020年10月，浙江省消费者权益保护委员会通报飞猪平台涉及"大数据杀熟"和平台商家宣传与实际不符的问题。曝光案例显示，老用户王女士和身为新用户的伙伴于同一时间在飞猪平台预订房间，价格却相差14元。

济、文化等领域的话语权❶。

案例 12-8 亚马逊智能招聘系统低分评价女性求职者，有性别歧视嫌疑

2018 年 10 月 10 日，亚马逊的机器学习专家发现其公司的招聘软件歧视女性。据悉，亚马逊的智能化招聘系统使用人工智能为求职者提供一星到五星的评分，并通过学习过去 10 年内求职者提交给公司的简历找出其固有模式，据此来审查求职者。但研究人员发现，该系统并非性别中立。系统对女性的简历给予了较低评分，还降低了两所女子大学毕业生的评级。

案例 12-9 犯罪风险评估算法 COMPAS 的种族歧视

COMPAS 算法作为美国各地使用的犯罪风险评估算法之一，被曝光存在种族歧视。美国非营利组织 ProPublica 对该算法展开审查后发现，该算法易将黑人被告标记为未来罪犯，且这种错误标记率是白人的两倍，这也导致法官会因此算法结果而加大对黑人被告的审判力度。

---

❶ 赵万里，谢榕. 数字不平等与社会分层：信息沟通技术的社会不平等效应探析 [J]. 科学与社会，2020，10（01）：32-45.

四、人工智能引发风险的原因分析

人工智能风险生成原因既包含内生性因素也包含外生性因素[1]。内生性因素主要是算法和数据，算法开发和数据运行过程无法做到绝对的客观、公正和合规，从而引发算法歧视、数据泄露等风险。而外生性因素主要是传统治理范式的不足，难以正确协调人工智能工具理性和价值理性之间的关系。

（一）算法的不确定性和复杂性

人工智能由于算法的不确定性和复杂性导致决策难预料。一方面，人工智能算法模型存在"黑箱"现象，使其难以理解和解释。以机器学习为例，其本身是一种线性数学，但若是将其用于多层神经网络，那么其性质就会转为非线性数学，此时便很难解释不同变量之间的关系，自然无法通过相关性分析以得出因果性的逻辑链条。

另一方面，人工智能还具备两个复杂性特质：涌现性和自主性[2]。算法模型并不是底层规则的简单加和，而是从低到高的层次跨越，很难通过底层算法来预见高层涌现，也无法通过单一行为来演化为最终的复杂集体行为。同时，算法可以借助海量数据进行自我学习和进化，可以在无程序员干预下自主处理问题。以AlphaGo为例，其在

[1] 赵志耘等. 关于人工智能伦理风险的若干认识 [J]. 中国软科学, 2021, (06): 1-12.
[2] 刘劲杨. 人工智能算法的复杂性特质及伦理挑战 [N]. 光明日报, 2017-09-14 (15).

2016年对战韩国选手李世石时仍是第18代版本，但是在2017年对战中国选手柯洁时已然迭代为第60代。算法黑箱、涌现性和自主性均使得人工智能的行为和决策很难被事先预料并加以干预。

（二）数据的难追溯性和依赖性

人工智能由于数据的难追溯和依赖性导致决策难控制。一方面，人工智能数据存在不可追溯性挑战[1]。不似传统意义上的产品，其庞大的数据源很难做到全方位的实时动态监测，也很难做到规范每一条数据的来源和标准，这也导致用户个体的知情权易被淹没在各类数据和信息中，同时也造成许多不法分子钻取数据漏洞进行非法牟利。

另一方面，人工智能决策依赖海量的数据输入，但大数据并非完全客观且中立，其质量、数量、多样性会直接或间接影响人工智能行为决策的正确性、有效性和公平性[2]。数据本质上是人类行为活动和社会价值的映射，其不可避免带有社会固有的偏见、歧视。当那些含有偏见的数据输入时，人工智能便会习得其中隐含的偏见并将其反映到行为结果中。谷歌的艺术观赏应用Art & Culture曾被指责有种族偏见，与有色人种相关的作品往往呈现为奴隶、仆人等，究其原因在于Art &

---

❶ 张成岗. 人工智能时代：技术发展、风险挑战与秩序重构［J］. 南京社会科学，2018，（05）：42-52.

❷ 中国信息通信研究院和人工智能与经济社会研究中心发布的《全球人工智能治理体系报告（2020）》.

Culture涵盖的艺术博物馆存在分布偏差，以欧美国家数据为主[1]。

（三）传统治理的局限性

人工智能的跨越式创新对传统的技术治理范式提出了更高、更新的要求，因此现有的治理模式已然不适配人工智能领域[2]。

一是传统治理范围有局限。人工智能的扩散应用引发了数字鸿沟、就业结构变化等新的社会不平等现象和数字诈骗、数字陷阱、隐私泄露等新的社会犯罪现象，而传统治理尚未覆盖上述问题。传统治理范式对新事物往往持"审慎"态度，根据技术的发展和演变结果选择介入程度和介入范围，这也导致当人工智能扩散过快时，治理跟不上问题的暴露。典型例子便是电子商务和互联网金融催生了一部分利用政策漏洞牟利的所谓"先富者"，而国家出台的法律规制反而制约的是"后入者"[3]。

二是传统治理方法有局限。传统治理方法强调社会行为的因果逻辑，而人工智能的行为决策不仅涉及其自身，也涉及设计者、数据提供者、使用者等多个主体，这大大提高了责任界定的难度。人工智能对比其他科技最突出的特征之一便是其具备"技术主体性"，因为它

---

① 汝绪华. 算法政治：风险、发生逻辑与治理［J］. 厦门大学学报（哲学社会科学版），2018（06）：27-38.
② 资料来自中国信息通信研究院和人工智能与经济社会研究中心发布的《全球人工智能治理体系报告（2020）》.
③ 张富利. 全球风险社会下人工智能的治理之道——复杂性范式与法律应对［J］. 学术论坛，2019，42（03）：68-80.

并非完全是创造者的意志体现，能实现自主决策，创造者赋予人工智能的更多是学习规则，而最终决策是算法和数据运行后得出的。因此将其作为传统产品进行问责的传统治理方法并不适配。

三是传统治理结构有局限。传统科层制治理通常按照分科的原则设置分管部门、按照分级的原则设置管理层级。在不确定性高和开放度广的人工智能面前，传统治理结构呈现僵化趋势。人工智能对大数据依赖度很高，这导致很多公司会将算法以开源形式提供给公众，以最大限度地吸收数据去完善技术，而科层制治理是依据专业化分工进行分级治理，显然，这种自上而下或自下而上的层级治理并不适配网络化的人工智能。

13

人工智能治理的路径初探

人工智能的深入发展和应用引发了诸多治理挑战，其中技术风险治理、应用风险治理和社会风险治理等在人工智能治理实践中尤为重要。目前世界各国都对人工智能进行了不同程度的治理，总的来说各国对人工智能治理的方式主要集中在价值治理与技术治理两个维度的框架内。因此下文将先着眼于价值治理，通过梳理国内外人工智能治理政策来明确人工智能治理的价值导向，最后结合价值治理，从技术治理的角度切实地提出人工智能治理的可行路径。

一、国外人工智能治理政策

发达国家政府和组织对人工智能的社会影响高度重视，在现实情况的基础上制定了一系列伦理原则、政策规范，积极应对人工智能时代的挑战。

（一）欧盟

欧盟是全球范围内人工智能治理的先驱。在人工智能治理领域，欧盟重视建立伦理道德和法律框架，积极推进以人为本的发展理念。2016年，欧盟就开始积极尝试人工智能领域的民事立法，发布《欧洲机器人民事法律规则》等文件，确保最终应用的机器人符合人类社会的利益。2018年，欧盟发布《欧盟人工智能战略》，提出制定人工智能新的伦理准则，以解决公平、安全和透明等问题，捍卫欧洲价值观。随后，欧盟还成立了人工智能领域的高级专家小组，并于2019年发布了《人工智能的伦理准则》❶，提出建设以人为本的人工智能，构建可信人工智能框架，分为以下三个方面：一是可信人工智能的根基，即人工智能必须尊重人类自主性，必须防止对人类造成损害或者不利的影响，必须确保公平、透明和可解释。二是可信人工智能的实现，从七项关键要求来衡量人工智能是否可信，即人类能动性和监督、技术稳健性和安全、隐私和数据治理、透明性、多样性、非歧视和公平、社会和环境福祉、问责。三是可信人工智能的评估。2020年2月，欧盟连续发布《人工智能白皮书：通往卓越和信任的欧洲路径》和《塑造欧洲的数字未来》两份报告，进一步提出了构建可信赖和安全的人工智能监管框架。2020年12月，欧盟拟为"数字欧洲"计划拨付75亿欧元，其中21亿欧元用于发展人工智能。该计划旨在为欧洲数字化转型提供支持，提高欧洲在全球数字经济中的竞争力并实现技术

---

❶ 资料来自https://ec.europa.eu/digital-single-market/en/news/draft-ethics-guidelines-trustworthy-ai.

主权。同期，欧盟制定《跨大西洋人工智能协议》，以建立区域和全球技术标准蓝图。在该协议中，欧盟在数据治理领域提出就在线平台的责任展开跨大西洋对话，进一步加强数字市场反垄断执法部门之间的合作。这些规范对全球的人工智能发展和治理具有深刻影响，对我国具有重要借鉴价值。

2021年以来，在促进人工智能的应用方面，欧盟在政策制定上持续发力，发布了一系列重磅政策。2021年3月，欧盟发布《2030年数字指南针》，提出2030年欧洲实现数字化转型的四项要点，包括增加具有数字技能的公民、构建安全和高性能的数字基础架构、促进企业全面数字化转型、推动公共服务数字化升级等。2021年7月，欧盟批准300亿欧元"连接欧洲设施"计划，其中20亿欧元用于数字化项目。

在对人工智能的监管和治理上，2020年以来，欧盟保持了一如既往的高压态势。2020年12月，欧盟提出了《数字市场法案》和《数字服务法案》，针对数字服务提供商制定全面新规则，以促进数字市场公开透明和公平竞争。两个法案强调了对平台企业的监管，《数字服务法案》赋予欧盟对脸书、推特等大型平台的特别监督权和直接制裁权；《数字市场法案》赋予欧盟对违规企业处以高达全球营业额10%的罚款，或强制企业剥离某些业务的权利。2021年4月，欧盟发布《欧洲适应数字时代：人工智能监管框架》（以下简称"《监管框架》"）与《2021年人工智能协调计划》政策提案，旨在规范人工智能风险并加强全欧洲对人工智能的利用、投资和创新。《监管框架》按照风险级别将人工智能分为四类：一是具有不可接受风险的技术，将被禁止。例如鼓励未成年人危险行为的语音系统等。二是高风险技术，在进入市场前需要进行风险评估、测试或授权等，主要是指用于运输、教育、辅助手术等特殊事项的技术。三是风险有限的技术，需要履行透明披露义务，如聊天机器人等。四是风险较小的技术，不予以干预，如视频游戏等。2021年10月，欧盟通过决议，全面禁止基于人工智能生物识别的大规模监控。

（二）美国

美国在人工智能治理上，强调符合美国价值观，整体秉持开放包容的态度，鼓励技术创新。从奥巴马执政时期起，美国政府一直积极发布政策推动人工智能的发展，维护美国在人工智能领域的"领导地位"。2019年10月，美国发布了全球首份军用人工智能的伦理原则，提出了"负责、公平、可追踪、可靠、可控"的五项原则。2020年，美国出台了大量关于人工智能治理的政策。2020年1月，白宫发布《人工智能应用监管指南备忘录（草案）》[1]提出了10项监管原则：公众对人工智能的信任；公众参与规则制定、科研诚信与数据质量、风险评估与管理、收益与成本、灵活性、公平与非歧视、披露与透明度、安全保障、跨部门协调。7月，美国国家情报总监办公室发布《情报体系人工智能伦理原则》和《情报体系人工智能伦理框架》。8月，美

---

[1] 资料来自https://www.whitehouse.gov/wp-content/uploads/2020/01/Draft-OMB-Memo-on-Regulation-of-AI-1-7-19.pdf.

国国家标准技术研究院提出了《可解释人工智能的四项原则》，以确定人工智能所做决定的"可解释"程度。同期，美国国家人工智能安全委员会批准了71项人工智能相关的建议草案，以促进美国人工智能战略落地。草案共涉及6个方面，包括将人工智能应用于国家安全任务、培训和招聘人工智能人才、保护和利用美国技术优势、引领全球人工智能合作、建立符合伦理的可信人工智能。11月，美国管理和预算办公室根据相关行政令发布了规范人工智能应用的指南。指南列出了人工智能应用管理原则，还提供了有关机构如何采用非监管方法应对潜在人工智能风险的示例，包括制定针对特定行业的政策指南或框架、提供试点计划和实验、引入自愿性共识标准或框架等。

进入2021年以来，美国对人工智能治理的关注持续加码。2021年1月，白宫成立了国家人工智能倡议办公室，负责监督和实施美国国家人工智能战略。3月，美国国家人工智能安全委员会发布756页人工智能战略报告，建议美国增加对人工智能的投入，包括增加人工智能研究机构数量、提高人工智能研发支出、建立数字服务学院培养相关人才等。6月，白宫成立国家人工智能研究资源工作组，旨在为建立和维持国家人工智能研究资源提出技术、治理、安全及隐私要求等方面的建议。8月，白宫启动"数字军团"计划，旨在为联邦政府招募数字技术人才，促进联邦政府的数字化转型。9月，美国商务部成立国家人工智能咨询委员会，该委员会将就人工智能相关问题向美国总统和其他联邦机构提供建议。

在军事领域，美国亦相当重视人工智能的渗透和应用。2021年8月，美国国土安全部科学和技术局发布《人工智能与机器学习战略计

划》，提出开展人工智能与机器学习的三方面目标，包括推动下一代
人工智能与机器学习技术实现跨域安全能力；加强在国土安全任务中
使用成熟的人工智能与机器学习能力；建立一支跨学科的人工智能/
机器学习培训队伍。同年8月，美国陆军未来司令部发布未来5年人工
智能研究的11个关键领域，包括数据分析、自主系统、安全和决策辅
助等。

此外，在人工智能治理的重点领域，如数据利用、人脸识别、自
动驾驶等，美国也出台了相关政策文件加以规范。在数据利用方面，
2021年9月，美国国务院发布新版《企业数据战略》，旨在提升数据的
安全性和可操作性，以帮助美国企业更好地应对全球威胁。该战略提
出四个主要目标：培养数据文化，提升数据流畅性，加强数据协作，
壮大员工队伍；通过提供现代分析工具、扩展人工智能应用程序来加
速决策；通过实施数据架构和标准等，来建立任务驱动的数据管理模
式；建立企业数据治理模式，以制定数据政策并衡量数据和分析的组
织价值。2021年10月，美国国家地理空间情报局发布新数据战略，明
确数据投资的四个重点领域。一是增强发现、访问和共享数据的能
力；二是增强数据资产的可用性；三是使客户和员工可以跨安全域查
找数据；四是用人工智能和机器学习提高生产力。该战略旨在利用人
工智能自动检测卫星图像上的威胁和进行自动化决策，缩短从军队感
知威胁到发起攻击的时间。

在人脸识别方面，美国洛杉矶、旧金山、萨默维尔、奥克兰、波
特兰等城市均已通过法案，禁止警员使用面部识别系统进行执法。
2020年12月，马萨诸塞州成为全美首个通过全州面部识别禁令的州。

2021年10月，美国参议院两党议员提出《政府对人工智能数据的所有权和监督法案》，对联邦人工智能系统所涉及的数据进行监管，尤其是面部识别数据。该法案将新设工作组，以确保政府承包商能够负责任地利用人工智能所收集的生物识别数据。

在自动驾驶方面，美国的监管态度趋向谨慎和强硬，尤其是针对自动驾驶汽车的安全性问题。2021年6月，美国国家公路交通安全管理局颁布规则，强制要求汽车公司报告涉及辅助驾驶系统（L2～L5级别）的交通事故，包括事故所涉及的关键数据。2021年8月，美国国家公路交通安全管理局对特斯拉自动驾驶系统展开调查，涵盖其2014—2021年生产的76.5万辆特斯拉汽车，并责令特斯拉在10月22日前提交自动驾驶辅助驾驶系统的详细数据。

（三）英国

英国近年来颁布多项政策，致力于推动人工智能产业创新发展，塑造其在人工智能伦理道德、监管治理领域的全球领导者地位。例如《英国发展人工智能的计划、意愿和能力》报告提出了关于人工智能准则的五条总体原则，阐明了政府需要考虑的策略性问题。此外，《产业战略：建设适应未来的英国》提出设立人工智能委员会和政府人工智能办公室，以及建立数据伦理和创新中心。

进入2021年，英国在发展和治理人工智能上出台了多项政策，强调了其成为全球创新中心和人工智能大国的雄心。2021年8月，英国发布《英国创新战略：创造引领未来》，提出了七项战略技术和四大创新战略支柱，以助力英国2035年成为全球创新中心。2021年9月，英国提出了十年人工智能远景规划报告，报告强调投资并规划人工智能生态系统的长期需求；支持向人工智能经济转型，并确保人工智能惠及所有部门和地区。

（四）德国

德国试图凭借发展"工业4.0"、打造"人工智能德国制造"品牌，成为人工智能世界领跑者。在人工智能治理领域，德国在自动驾驶相关法律法规与准则的制定方面处于世界前沿。早在2015年，德国就推出了《自动化和互联驾驶战略》报告。2017年，德国发布全球首份自动驾驶道德伦理准则《自动化和网联化车辆交通伦理准则》，提出了自动驾驶的20项道德伦理准则，规定当自动驾驶汽车遇到不可避免的事故时，不得存在任何基于年龄、性别、种族、身体属性或任何其他区别因素的歧视判断，两难决策不能被标准化和编程化等。

（五）其他国家

日本、新加坡、澳大利亚等国也针对人工智能治理出台了相关政策文件。日本在2019年成立了"以人为本的人工智能社会原则委员会"，发布了《人工智能战略2019》，推行"以人为本的人工智能社会原则"。该文件强调人工智能的应用应符合全人类和社会公众的利益，并指出人工智能发展需以实现尊重人类尊严、多样化和包容性、可持续发展等基本的社会发展理念为目标，强调人工智能的使用不应侵犯宪法和国际法所保障的基本人权，避免过度依赖人工智能导致其操纵人类决策等。2021年9月，日本政府成立数字厅，进一步推动日本政府的数字化转型。新加坡在2019年提出了亚洲首个人工智能监管模式框架，以帮助企业应对因跨行业使用人工智能带来的道德和管理方面的风险。澳大利亚在2019年发布了《人工智能：澳大利亚的伦理框架（讨论稿）》，旨在明确在不同应用场景下的人工智能伦理问题，应用场景涵盖数据治理、自动化决策、人类行为预测，并探讨了自动驾驶和安防技术应用这两个典型场景下所应当关注的问题。

（六）政府间国际组织

在全球范围内，人工智能治理已成为焦点议题。一些政府间国际组织积极参与发表对人工智能治理的观点建议，在伦理道德标准框架的制定上发挥了重要作用。2016年，联合国教科文组织联合世界科学知识与技术伦理委员会合作发布了《机器人伦理初步报告草案》。2018年，在加拿大召开的七国集团（G7）峰会上，七国集团领导人通过了《沙勒瓦人工智能未来的共同愿景》。2019年，经合组织（OECD）发布《人工智能理事会建议》[1]，提出关于人工智能发展的五项原则。这是世界上首份政府间的人工智能政策指南，目前已有42个国家采纳。五项原则分别为促进包容成长、可持续的发展和福祉；基

---

[1] 资料来自 https://legalinstruments.oecd.org/en/instruments/OECD-LEGAL-0449.

于以人为本的价值观和公平正义；增强公开透明与可解释性；保证稳健、安全与无害；建立问责制。2019年，二十国集团（G20）的部长会议通过了《G20人工智能原则》，提出负责任地管理可信人工智能。

在新冠肺炎疫情暴发的背景下，人工智能在医疗领域取得了广泛的应用，但也引发了一些治理问题。2021年6月，世界卫生组织发布《世界卫生组织卫生健康领域人工智能伦理与治理指南》报告，提出了六项监管和治理人工智能的原则：一是保护人类自主权；二是促进人类福祉、安全和公共利益；三是确保透明度、可解释性和可理解性；四是培养责任感和问责制；五是确保包容性和公平性；六是推进具有响应性和可持续的人工智能。

（七）行业协会

行业协会在学术领域和标准化方面已提出一些伦理原则和规范，在伦理道德标准框架的制定上发挥了重要作用。国际互联网协会（ISOC）于2017年发布《人工智能与机器学习：政策文件》，涉及人工智能部署和设计中的伦理考虑、确保人工智能系统的可解释性、公共赋权、负责任的部署、确保责任、社会和经济影响和开放治理等内容。从2016年起，电气和电子工程师协会（IEEE）连续两年发布《人工智能设计的伦理准则》报告，提出了指导自动化和智能系统的伦理学研究和设计的方法学。同时推动IEEE P7000TM系列标准的制定，包括解决系统设计的伦理问题建模、儿童与学生数据治理标准、合伦理的人工智能与自主系统的福祉度量等。未来生命研究所（FLI）近千名专家学者制定发布了《阿西洛马人工智能23条原则》，其中涉及伦理和价值的原则有13条。此外，微软、IBM、谷歌等科技企业也各自提出了伦理原则倡议。

二、国内人工智能治理政策

国内也颁布了多项人工智能相关的政策法规，一方面积极促进人工智能创新发展，使人工智能成为推动社会经济发展的新动力；另一方面致力于治理人工智能，防范人工智能领域的多项风险，更好地保障人工智能的发展。

（一）人工智能发展政策

2015年7月，国务院出台的《关于积极推进"互联网+"行动的指导意见》首次将人工智能纳入重点任务之一，此后人工智能相关政策不断推出。这些政策从顶层设计出发对人工智能领域进行规范与治理，致力于打造良好的人工智能生态环境。

在国家层面，人工智能逐渐成为产业优化升级的重要抓手，同时国家重视防范相关风险。2017年7月国务院印发《新一代人工智能发展规划》，其中明确指出："在大力发展人工智能的同时，必须高度重视可能带来的安全风险挑战，加强前瞻预防与约束引导，最大限度降低风险，确保人工智能安全、可靠、可控发展。"这说明我国政府高度重视人工智能引发的风险问题，将伦理规范作为促进人工智能发展的重要保证措施，积极构建有利于人工智能健康有序发展的体制机制。2019年3月，国务院2019年《政府工作报告》将人工智能升级为"智能+"，并提出面对全球竞争，人工智能的发展要加强原始创新。拓展"智能+"，为制造业转型升级赋能，这说明人工智能正成为今后改造传统行业的新抓手。

各部委亦陆续出台了一系列政策法规从不同角度促进人工智能与产业深度融合。在平台建设上，2019年8月，科技部发布《国家新一代人工智能开放创新平台建设工作指引》，聚焦人工智能重点细分领域，充分发挥行业领军企业、研究机构的引领示范作用，提升人工智能核心研发能力和服务能力。2020年9月，科技部再度发布《国家新一代人工智能创新发展试验区建设工作指引（修订版）》，提出构建有利于人工智能发展的良好生态，打造新一代人工智能创新发展样板。

在智慧城市建设上，2019年2月，自然资源部发布了《智慧城市时空大数据平台建设技术大纲（2019版）》，提出建设时空大数据平台，为智慧城市建设与运行提供基础支撑。2020年4月，国家发改委发布了关于印发《2020年新型城镇化建设和城乡融合发展重点任务》的通知，提出实施新型智慧城市行动，完善城市数字化管理平台和感知系统等要求。2021年4月，国家发改委发布了《2021新型城镇化和城乡融合发展重点任务》，提出要建设新型智慧城市，建设"城市数据大脑"等数字化智慧化管理平台，推动数据整合共享，提升城市运行管理和应急处置能力，全面推行城市运行"一网通管"，拓展丰富智慧城市应用场景。

在智能交通建设上，2020年2月，国家发改委等11部门发布了《智能汽车创新发展战略》，展望2035年到2050年，中国标准智能汽车体系全面建成、更加完善。2021年7月，工信部等三部门发布《智能网联汽车道路测试与示范应用管理规范（试行）》，构建了智能汽车规范体系。这些规范进一步明确了人工智能在智能汽车领域融合发展的方向。

（二）人工智能治理政策与规范

国内人工智能在多项政策支持下不断蓬勃发展，人工智能产业化也不断加快落地，但是在法律、伦理等方面一直饱受争议。2019年5月，上海国家新一代人工智能创新发展试验区揭牌，明确了建立健全政策法规、伦理规范和治理体系的相关任务。6月，国家新一代人工智能治理专业委员会发布了《新一代人工智能治理原则》，突出了负责任和开放协作的主题。

在法律体系建设方面，国家出台了与人工智能密切相关的数字安全法、个人信息保护法，关注数据安全问题。2020年5月28日，中国首部民法典表决通过，其中第一千零一十九条规定："任何组织或者个人不得以丑化、污损，或者利用信息技术手段伪造等方式侵害他人的肖像权。"这意味着，未经他人同意而使用人工智能换脸技术伪造他人的脸是侵犯他人肖像权的。《中华人民共和国数据安全法》自2021年9月1日起施行，其中提出国家将对数据实行分类分级保护、开展数据活动必须履行数据安全保护义务、承担社会责任等。《中华人民共和国个人信息保护法》2021年11月1日正式施行，其中明确个人信息受法律保护，任何组织、个人不得侵害自然人的个人信息权益。

自2020年以来，人工智能领域指南、指引等规范性文件发布较多，不断将人工智能治理理念落实到治理规范中去。2020年7月，国家标准化管理委员会等五部门发布《国家新一代人工智能标准体系建设指南》，指南中提出到2023年初步建立人工智能标准体系，重点研制数据、算法、系统、服务等急需标准。在人工智能发展与应用的同时，标准体系与制度规范建设将受到关注。2020年10月1日，作为工信部重点实验室，中国电子技术标准化研究院组织修订的《信息安全技术 个人信息安全规范》正式实施，一方面加强标准指导实践，另一方面支撑APP安全认证，进一步贯彻落实《中华人民共和国网络安全法》规定的个人信息收集、使用的"合法、正当、必要"基本原则，帮助提升行业和社会的个人信息保护水平。2021年1月，全国信息安全标准化技术委员会发布《网络安全标准实践指南——人工智能伦理安全风险防范指引》，在指引中已经重点关注到人工智能所带来的伦理安全风险。除此之外，国家应在各行业各领域建立对人工智能数据、算法等安全风险的应对措施，重点建立识别、防范、化解安全风险的标准与规范，下一阶段人工智能安全规范将成为政策演进的主题之一。

此外，国内还成立了国家人工智能标准化总体组、国家新一代人工智能治理专业委员会等人工智能相关委员会和行业联盟，这些组织发布了多项人工智能规范，为人工智能的规范建设做出贡献。2019年6月，国家新一代人工智能治理专业委员会发布《新一代人工智能治理原则——发展负责任的人工智能》，提出了人工智能治理的框架和行动指南，强调了和谐友好、公平公正、包容共享、尊重隐私、安全可控、共担责任、开放协作、敏捷治理八项原则。2019年8月，中国人工智能产业发展联盟发布了《人工智能行业自律公约》，旨在树立正确的人工智能发展观，明确人工智能开发利用基本原则和行动指南，从行业组织角度推动人工智能伦理自律。

针对大众关注度尤其高的隐私保护问题，多方对症下药。以人脸识别技术为例，中国最高人民法院于2021年7月发布《最高人民法院关于审理使用人脸识别技术处理个人信息相关民事案件适用法律若干问题的规定》，为人脸信息提供司法保护。这是我国专门针对人脸识别应用进行规制的第一部法律文件，具有里程碑意义。在地方层面，多地出台相应政策治理人脸识别技术滥用这一问题：天津市出台了《天津市社会信用条例》，规定市场信用信息提供单位采集自然人信息的，应当经本人同意并约定用途，法律、行政法规另有规定的除外；杭州市出台了《杭州市物业管理条例（修订草案）》，规定物业服务人员不得强制业主通过指纹、人脸识别等生物信息方式使用共用设施设备。这些政策规定的出台有效防范了人脸识别技术存在的风险，为加快构建人脸识别数据安全风险防范法制体系做出了贡献。

三、人工智能治理的可行路径研究

人工智能相关政策为从技术治理的角度切实地提出人工智能治理的可行路径提供了价值导向。可从数据安全、算法正义和平台善治这三个角度切入，因为数据与算法是人工智能的核心基础，平台则是人工智能深度嵌入到社会的载体，从这三个角度切入能够更清晰有效地探索人工智能治理的实践路径。

（一）部门协作与技术融合打造数据安全

数据作为人工智能的支撑，开放共享数据、挖掘数据价值已成为社会共识。但数据开放共享与隐私保护的矛盾也随之而来，如何妥善处理这一对关系成为数据领域无法避开的核心问题，也是数据治理的关键。为把握这一关键，可从两方面着手，一是加强政府部门协同，打造良好的组织架构和制度规范，二是与其他新一代信息技术融合，实现技术的优势互补。

1. 数据安全和数据治理部门加强协同合作

政府部门由于条块划分，数据安全由安全管理部门驱动，数据治理则由数据管理部门驱动，导致管理侧重点不同，数据开放共享与隐私保护易被分割管理、难以平衡。因此要加强数据安全和数据治理部门之间的协同，为实现有效的数据治理打下良好基础。江苏省无锡市在此方面做了一定探索，市委网信办和市大数据管理局两部门加强工作协同，举办"数聚先锋 网建未来"党建联盟签约仪式，有助于数据治理工作的开展❶。在组织架构协作基础上，进一步在制度规范上指引数据治理。重视数据保护问题，制定数据安全的制度规范、操作标准和管理模板等，让数据治理拥有实实在在的落脚点。广西网信办与广西大数据发展局携手，就贯彻落实《广西政务数据安全保障实施方案》等工作进行研讨❷，在部门协同基础上进一步加强数据治理相关的制度规范。

2. "区块链＋融合技术"构建可信数字底座

区块链技术具有去中心化、不可篡改、全程可追溯等特性，天然形成了一种信任机制。目前区块链技术已在数字人民币、金融平台领域的多个场景应用落地。在此基础上，区块链发展不断走向技术融合，可通过"区块链+融合技术"打造可信数字底座，构建信任基础设施大平台、大生态。这一思路即是利用区块链技术的信任优势，与隐私计算、物联网、人工智能等技术融合创新，实现技术的优势和功能互补，保护数据隐私以解决底层数据保护的问题，促进数据的合理利用，实现数据共享与服务。

---

❶ 无锡机关先锋网. 市委网信办和市大数据管理局举办"数聚先锋 网建未来"党建联盟签约仪式［EB/OL］.（2021-02-22）［2021-11-15］. .http://jggw.wuxi.gov.cn/doc/2021/02/22/3200878.shtml.

❷ 中国网信网. 广西网信办与大数据发展局携手加强政务数据安全管理工作［EB/OL］.（2020-06-16）［2021-11-15］. http://www.cac.gov.cn/2020-06/16/c_1593858996974506.htm.

（二）政府外督和企业内省推进算法正义

人工智能算法具备自主学习能力和预测能力，随着算法性能的不断提升与应用，有效提高了社会效率。但算法具备不可解释性、主体责任不清晰的特点，导致算法黑箱与歧视以及算法权力的问题。一方面，在自动化决策下，数据分析会导致系统性的不公正对待，同时难以监督；另一方面，人工智能算法在政府和商业平台中使用时，被赋予了权力，在主体责任不清晰的情况下，这种算法权力风险大、监管门槛高。这些问题的背后都指向对算法正义的诉求。由于问题集中在政府和企业层面，可从政府外部监督和企业内部自省两个角度入手进行算法治理。

1．政府健全外部监督机制

首先，加强法律规范对算法的限制，建立统一的算法技术标准、备案制度，各地根据实际情况制定相关的公共政策。2021年国家互联网信息办公室等部门发布《互联网信息服务算法推荐管理规定（征求意见稿）》与《关于加强互联网信息服务算法综合治理的指导意见》，表明中国迈出了规范算法的第一步。其次，从组织的角度把好方向找对路径，加强对算法伦理的讨论并明确伦理指导原则，确立算法监管部门和问责机制，落实算法审查的义务和责任。从这两方面入手构建完善的算法治理体系，保障社会的公平正义。

2．企业加强内部自省

一方面，企业主动平衡商业机密与公众知情权，提升算法透明度，让社会各方检视与共建算法。目前多家互联网企业主动公开其算法，美团披露外卖业务的算法原理、微博公开热搜算法规则，算法透明化已经是大势所趋。这不仅能够打破信息茧房，更让社会各界都了解、参与到算法共建中，而非让技术掌握绝对的权力。另一方面，企业要明确算法人性化的原则，建立内部约束机制。企业所运用的算法必须弘扬社会主义核心价值观，通过自查自纠规范算法应用、制约算法功能、推动算法创新，营造良好的网络空间。

（三）全方位多层次治理体系促平台善治

数据与算法是人工智能的核心基础，而平台则是人工智能深度嵌入社会的载体，包括人工智能的开发主体、组织或企业。随着互联网平台不断发展扩大，它们在带来社会价值的同时，也造成互联网生态系统相互隔绝、企业垄断现象层出不穷，形成"围墙花园"。拆除平台的"围墙花园"，进行平台善治成为平台治理的重要目标之一。

构建全方位、多层次的治理体系是平台治理的关键。平台治理涉及多元主体，不仅是政府与平台企业，也包括新闻媒体、行业协会等社会组织，需要有效协作，搭建一个全方位、多层次的治理体系。首先，在微观层面，企业坚持合理的平台价值观，进行内部自省。其次，在中观层面，行业协会进行行业内管制，加强与政府主管部门和企业的沟通，推进制定和实施互联网行业规范，带动互联网产业快速健康发展。例如，武汉成立光谷互联网行业协会，为1800家光谷"互联网+"企业提供服务平台，实现行业层面的自治协同❶。最后，在宏观层面上，政府出台平台监管的规章制度和运行机制，同时发挥新闻媒体引导与舆论监督的作用，对各类违规行为进行曝光揭露。通过从微观到宏观搭建全方位、多层次的治理体系，可充分发挥不同主体的作用，走向平台善治，构建开放公平的竞争环境。

---

❶ 极目新闻. 武汉光谷成立互联网行业协会，1800家企业有了"组织"［EB/OL］.（2018-05-23）［2021-11-15］. https://baijiahao.baidu.com/s?id=1601269167889699320&wfr=spider&for=pc.

14

构建人工智能治理体系的对策建议

尽管当下人工智能治理已经在数据安全、算法逻辑、平台系统等方面初见进展，但治理目标、治理原则、治理模式和治理手段等关键问题仍有很大的理论研究和实践探索空间。如何精准有效发挥人工智能优势、避免人工智能风险，使人工智能可靠、可信依旧是学界和业界重点关注的议题。

一、一个目标

人工智能治理应以科技造福人类，治理与发展平衡兼顾为总体目标❶。一方面要让各群体、各领域都享受到人工智能带来的红利和价值，真正实现以"智"谋"祉"。推动人工智能在农业、工业、医疗、交通物流等领域的融合发展，促进新业态发展和旧业态变革，最终造福全社会。另一方面要有效平衡创新发展与精准治理之间的关系，针

---

❶ 资料来自中国信息通信研究院和人工智能与经济社会研究中心发布的《全球人工智能治理体系报告（2020）》。

对人工智能发展过程中暴露的问题，不过分限制，不过度审慎，在顺应市场发展的同时有效引导。

二、三大原则

树立以人为本、权责一致和开放包容三大治理原则，引导人工智能健康发展。以人为本原则强调人工智能发展应遵循人类价值观，促进人类社会向善，实现人类社会根本利益。人工智能在全生命周期中都应遵从法治，顺应人权，体现民主价值，如尊重、隐私、自治、平等、正义等。权责一致原则强调在人工智能的研发与应用中能保证问责有效。在设计中保证了解系统自主决策的原理，在运行过程中留存可溯、可查的准确记录，以便在产生负面结果时能及时审查、正确归因。开放包容原则强调跨学科、跨领域、跨地区、跨国界的交流合作与无垄断、无鸿沟、无歧视的包容共享。人工智能的发展与治理是构建人类命运共同体的责任和价值所在，应秉持共同安全、平等协商的理念去共同探讨。

三、多元主体

人工智能的治理不是单一主体指导下的科层制，而是多元主体协同下的纵向科层制与横向网络制并举，将垂直联通和水平协商有效结合。

（1）以政府为核心主体，发挥领导和统筹规划作用。政府在承担人工智能治理体系的顶层布局职责时，推动人工智能相关法律和标准的制定，并发挥事前、事中和事后的全流程监管作用。

（2）以企业组织为实践协同主体，对人工智能合规性承担主体责任。企业在提升人工智能技术和应用的透明度、可解释性的同时，实现企业自身管理运营合规，杜绝违法违规、违背伦理道德的现象产生。

（3）以高校科研机构为理论协同主体，推进对人工智能技术研发和社会治理的研究。高校科研机构作为人工智能主要开发者和拥有者，应跟进人工智能最新发展动态和需求，同时为社会提供基础性、公益性服务。

（4）以社会公众为参与主体，实行监督、意见反馈等权利。社会公众对人工智能治理过程的适当介入一方面可以加强公众对人工智能的理解和信任，保障公众合法权益，另一方面可以集思广益，以公众智慧提供更全面、更细致的治理思路。

四、四种工具

（一）技术应对

发展透明度高、解释性强、拓展性广的新一代人工智能技术，以实现人工智能应用安全可控。人工智能治理作为一项系统性工程，技术基础的打造尤为重要。一是要发展高透明度人工智能。在创建、获取和测试数据和算法时做到了解工作原理，引入偏差检测，并根据正当需求公开相关信息。二是要发展可理解性人工智能，使人工智能具备自我解释的能力，能面向特定受众提供运行工作中的关键信息。三是发展可拓展性人工智能，以新应用场景保障技术安全，如利用安全多方计算和匿踪查询技术建设系统防火墙，打造数据安全共享平台。

（二）伦理约束

将伦理嵌入人工智能全生命周期，促进算法向善、数据向善、应用向善。人工智能伦理是不仅包括在技术研发与应用时应遵循的道德和准则，也包括处理人–机–自然–社会等多重关系时应遵循的道德和准则。一是加强伦理认识。通过责任意识教育和技术伦理宣传，使各主体在参与人工智能治理时保持道德自律。二是强化伦理规范。基于现实国情和理论研究，形成具有普遍共识和社会约束力的伦理规范、道德标准和行为守则，对设计者、开发者和应用者在数据输入、算法设计和实践运用上都进行伦理约束。

（三）标准规范

建立一系列人工智能技术及行业标准体系，推动数据算法规范、评估认证制度和产品追责可查机制切实落地。一是在开发阶段于数据和算法中嵌入伦理要求，形成数据和算法标准。聚焦于技术基层架构，实现各数据要素标准化、规范化，引导算法理念符合社会伦理的同时，消除数据认知分歧。二是利用标准在应用阶段推动评估和认证制度的落地。将技术论证和认知等方面的专家知识形成标准，并及时迭代更新，从而对产品和技术进行定期审核认证，避免潜在偏误。三是将技术标准作为事后追溯和验证的重要依据。在技术标准中融入产品风险效用，设定产品安全基准，以生成不可随意篡改的记录作为事后问责依据，同时提醒设计者和生产者准确履行产品或服务的警示义务。

（四）法律监管

借助立法规制和司法归责两大硬性手段把握公权干预和平台自治之间的平衡，规范个人、企业及相关组织的责任和法律义务。一是对人工智能进行分阶段、分领域的立法制定，为危害追责、权责归属提供明确的法律依据。尽管人工智能目前的发展水平尚不支持制定完整的法律制度，但是可在较为成熟领域和问题频发领域启动立法研究，例如自动驾驶、个人隐私保护、数据安全等，而对立法条件尚不成熟的领域，如智能医疗、智能风控等，可以启动相关社会问题研究，以为后续立法奠定理论和实践基础。二是通过司法认定推动人工智能相关主体承担责任。根据人工智能产品在设计、制造、警示、跟踪等不同阶段的缺陷和问题，以切割分解的方式明确不同缺陷类型下的主体责任义务，进而明确不同事件下的判断规则。

正如前文所呈现的人工智能技术发展、应用和治理三个方面并行的现状，人工智能与现代生活越来越紧密相连，技术应用引发的衍生问题带来了新时代治理议题，因此本篇聚焦于人工智能的治理，以数据、算法和治理方式为主轴，一方面明晰人工智能发展带来的风险与挑战的主要成因，另一方面针对性地切实探索治理的可行路径。在此基础上提出了数据安全、算法正义和平台善治三个目标，分别以部门协作与技术融合、政府外督企业内省以及构建全方位多层次治理体系为路径去实现。

　　目前全球各国人工智能治理仍处在积极探索阶段。从长远来看，如何精准有效发挥人工智能优势、如何避免人工智能风险、如何让人工智能健康有序发展，这些问题将持续叩问社会伦理道德。